KB129893

쓸모없는 것들이 우리를 구할 거야

쓸모없는 것들이
우리를 구할 거야

작고 찬란한 현미경 속 나의 우주

김 준 지음

웅진 지식하우스

프롤로그

과학이라는 여행

여름치고는 날씨가 그리 덥지 않은 이상한 날이었다. 방학을 맞아 아무런 할 일 없이 집에서 뒹굴고만 있다가 문득 집을 나섰다. 처음엔 동네를 어슬렁 걸었고, 그러다 지하철역에 도착해 자연스레 지하철까지 타게 되었다. 여전히 목적지는 없었다. 서울 순환선인 2호선을 탄 김에 서울을 한 바퀴 돌아봐야겠다는 생각이 들었다.

아무런 계획 없이 떠난 이상한 여름날의 짧은 여행이었다. 무얼 해야 한다는 생각이 없으니 늘상 지나다니던 역들의 풍경도 평화로웠다. 그러다 습관처럼 고등학교 근처의 익숙한 정거장에서 내려 역사 밖으로 나섰다. 매일같이 다니는 동네였지만 세상 가장 할 일 없는 사람처럼 천천히 걷다 보니, 서서히 눈길 닿는 곳마다 세심하게 관찰을 시작하게 되었다. 더 천천히, 더 샅샅이 둘러보니 처음 만난 신세계를 여행하는 듯한 새로움이 느껴졌다. 이 동네에 이런 건물이 있었나? 예전에는 밥집이었는데 그새 다른 가게가 들어왔네…. 일상의 시공간이 낯선 세계가 되어 나를 둘러싸고 있었다. 시간여행자가 된 기분, 기억과 감각이 어질러지면서 간질간질하는 그 추억은 몽롱하게 오랫동안 기억 속에 새겨졌다.

내게 과학을 배우고 익히는 과정은 이런 시간여행을 떠나는 것과 비슷했다. 시간이 멈춘 듯 조금씩 세상을 낯설게 바라보게 되는 과정 말이다.

어릴 적부터 과학자가 되고 싶었다. 쓸데없는 걸 궁금해하는 건 아주 오래된 버릇이어서 꼬맹이 때부터 엄마를 붙들고 여러 가지를 물었다.

"엄마, 참외는 왜 줄이 모두 똑같이 10개씩 그어져 있어?"

"고구마는 껍질을 까도 얇은 막이 또 있네? 요건 뭐야?"

어린 눈에는 세상을 다 아는 것만 같았던 엄마라도 그런 것까지는 대답해줄 수 없었다.

"우리 똑남이, 엄마가 더 좋은 환경에서 키워줘야 하는데…."

안타까운 마음에 그럴 때마다 엄마는 대답 대신 아낌없는 칭찬으로 답해주었고, 그게 참 기분 좋았던 나는 이담에 커서 모든 궁금증에 답할 수 있는 과학자가 되겠다고 마음먹었다. 물론 꿈이 늘 한결같았던 건 아니다. 먹는 것을 워낙 좋아해서 한때는 요리사가 되고 싶기도 했고, 만화책에 푹 빠졌던 시절에는 만화가를 꿈꾸기도 했다. 그러나 따분하기 그지없는 일을 반복해서 결국 성장할 수 있는 경험은 과학 말고는 얻기 힘들었다.

특히 생물학은 정말이지 신기했다. 사람을 비롯해 동물과 식물, 미생물 등 생명을 가진 모든 존재가 어떻게 이 세상을 살아가는지, 어떻게 또 다른 생명을 탄생시키는지를 과학적 원리로 설명해주는 것이 너무나 흥미진진했다. 모든 생물은 자손에게 전해줄 수 있는 'DNA'라는 아주 작은 책을 가지고 있어서, 이 책 속에 담겨 있는 정보로 '단백질'이라는 더 작은 도구를 만든다. 이 도구들이 한데 모여 '세포'라는 공장을 이루는데, 어떤 공장은 해독 작용을, 어떤 공장은 보호 기능을, 어떤 공장은 외부에서 들어오는 신호를 감지하는 등 저마다 다양한 기능을 담당하고 있다. 이런 복잡한 공장들이 뚝딱뚝딱 제 기능을 함으로써 우리가 세상을 보고, 맛을 느끼고, 병원균의 침입을 막아낼 수 있는 것이다. 이 모든 일을 가능케 하는 DNA라는 책은 자손에게로 고이 전달된다. 그리고 작디작은 단 하나의 세포에서, 생명은 그렇게 다시 시작된다.

처음엔 이 같은 간단한 원리로 모든 것이 설명되는 것 같아 놀라웠다. 그런데 공부를 하면 할수록 사실은 그 원리만으로는 길가에 널린 민들레에 관한 것조차도 제대로 기술할 수 없을 만큼 생물학이 복잡한 분야라는 걸 알게 됐다. 지구상의 수많은 생물은 서로 다른 DNA를 가지고 저마다의 세상과 투쟁하고 때로는 화합하며 살아간다. 따라서 기본 원리는 비슷할지라도, 그 원리를 이용해 만들어낸 도구나 공장이 모두 다 다를 수밖에 없다. 그러니 사람을 비롯한 온갖 생물의 유전체 지도를 완성하고, 유전자 조작 동물마저 탄생시킬 수 있게 된 현재까지도, 사람은 왜 사람이고 민들레는 왜 민들레인지 인류는 여전히 그 답을 알지 못한다.

운이 좋게도 나는 오랜 꿈을 좇아 과학자가 되었다. 쓸모없어 보이는 질문들을 끊임없이 떠올리며 연구하는 일로 먹고살 수 있는 사람이 된 것이다. 그것도 내가 그토록 하고 싶던 생물들의 진화를 연구하는 일이다. 그러나 요즘처럼 경제 논리가 지배하는 세상에서 진화를 연구한다는 건 참 쉽지 않은 일이다. 현미경 너머로 우아하게 꿈틀거리는 나의 예쁜꼬마선충들은 별 인기가 없고, 진화 연구는 한국 사회에서는 더더욱이나 인기가 없다. 질병을 연구하는 것도 아니고, 연구 결과가 나온다 한들 바로 돈을 벌 수 있는 것도 아니니, 요즘 세상에 세금으로 이런 벌레나 연구한다고 비아냥을 듣는 일이 한두 번이 아니다.

게다가 과학자로 먹고사는 일은 적잖이 고된 일이다. 매일 아침 9시부터 밤 11시까지 하루 14시간을 연구실에서 일하는 게 보통인데, 그러고 있다 보면 '내가 무슨 영광을 누리자고 한국에서 알아주지도 않는 연구를 하느라 이러고 있나!' 하는 생각이 들기도 한다. 그러다가도 참으로 간사한 것이 사람 마음이라, 나를 사로잡는 논문이 등장하면 '아, 이거 내가 나중에 연구하려고 생각했던 건데! 한발 늦었어'라며 좌절하면서도, 또 한편으론 내 아이디어가 세계 어느 곳에서는 분명 인정받고 있다는 생각에 설레서 견딜 수가 없다.

“이런 연구가 한국에서나 안 팔리지, 전 세계적으론 꽤 팔린다니까요? 어떤 사람들이 이런 쓸데없는 연구에다 세금을 쏟아붓고 있나 몰라. 칭찬해주고 싶게, 참.”

누군가는 개나 줘버리라고 찬밥 취급하는 이런 게 재미있는 걸 보니 아무래도 이번 생은 그른 것 같다. 연구나 열심히 하는 수밖에.

과학자라고 하면 많은 사람들이 하얀 가운과 검은 뿔테 안경을 걸치고 액체가 부글거리는 시험관을 들여다보는 사람을 떠올린다. 물론 나도 그런 ‘멋진’ 모습으로 실험할 때도 있고, 그런 실험만을 주로 하는 사람도 있지만, 모든 과학자가 항상 그런 것은 아니다. 진짜 현실 속의 과학자들은 대체 어떤 사람들이고 어떤 연구를 하며 살아갈까?

실제로 과학 연구를 하는 데 필요한 사람들은 과학자 말고도 너무나 다양하다. 대학원생부터 박사후연구원, 교수뿐만 아니라 행정원이나 한국어로 정확한 명칭을 번역하기도 어려운 특정 실험 전문가까지. 드러나지 않을 뿐, 하나의 과학 연구는 각자 전문성을 가진 수많은 사람이 고군분투한 끝에 탄생할 수 있다. 이제는 과학자라는 말이 그 모든 사람의 노력을 아우르기에는 한참이나 좁은 단어라는 걸 알고 있지만, 대학에 입학했을 때까지만 해도 과학이라는 활동이 어떻게 진행되는지 아는 바가 전혀 없었다. 무작정 과학자가 되고 싶었는데 과학자가 뭘 하는 사람인지, 어떻게 살아가는지 아는 게 없으니 여간 답답한 게 아니었다.

그래서 나와 같은 사람들을 위해 과학하는 사람들이 살아가는 모습을 정직하게 글로 담아보기로 했다. 편집되지 않은 날것이 그렇듯 실제 과학자들의 생활을 한 장면씩 느긋하게 들여다보면 훨씬 더 사소하고 지루하며 별것도 아닌 광경들이 즐비하게 이어지기 마련이다. 그렇지만 이런 일상의 장면들 속에 이 시시한 사람들이 왜 이런 선택을 하는지, 그리고 그 선택들이 모여서 어떻게 모두가 알 만한 유명한 결과로 이어지는지 이해할 수 있는 실마리가 들어 있다.

나는 지긋지긋하게 지켜봤고, 앞으로도 눈 감는 날까지 함께 하고 싶은 이 일상! 이것은 나의 세계, 나의 찬란한 우주다. 이제부터 현미경 속 예쁜꼬마선충을 관찰하듯, 현미경으로 과학을 하는 사람들을 500배쯤 자세히 들여다보려고 한다. 과학이란 무엇인지, 과학자란 누구인지와 같이 좀처럼 설명하기 어려운 질문의 답을 그 안에서 찾아낼 수 있기를 바라면서.

앞으로 내 인생이 어떻게 흘러갈지는 모르겠다. 나는 과연 오래도록 과학자로 살아남을 수 있을까. 그래서 나처럼 과학을 좋아하는 사람들과 함께 언제까지고 과학하는 기쁨과 슬픔을 나눌 수 있을까. 아직은 모르겠다. 다만 한 가지 바람이 있다면, 과학을 사랑하고 과학에 푹 빠진 사람들이 지금보다 조금 더 나은 환경에서 연구하고 훈련받으면서 과학자로, 연구책임자로, 더 나은 사람으로 성장할 수 있게 되는 것이다.

우리에겐 늘 있는 일이지만 연구실 바깥의 사람들에게는 조금 특별해 보일 수도 있는 이야기, 오늘도 저마다의 쓸모를 향해 열심히 연구하고 있는 과학하는 사람들의 일상 속으로 한 걸음 내디뎌본다. 더 많은 사람들과 이 재미있는 과학을 함께할 수 있길 바라면서.

contents

2 과학하는 마음

3 내겐 너무 사랑스러운 돌연변이

4 과학의 기쁨과 슬픔

1

이토록 아름다운 쓸모없는 것들

어쩌다 과학자

"과학자가 될 거야!"

나란 인간은 대체 전생에 무슨 잘못을 저질렀던 건지, 어릴 때부터 과학자가 되고 싶다는 생각을 품고 살았다. 돌이켜보면 생애 첫 실험이 성공하는 바람에 잘못된 길로 들어선 것 같기도 하다. 초등학교 2학년 때였던가, 집에서 과학 만화책을 읽고 있었는데 누구나 쉽게 화산 폭발을 만들어볼 수 있다는 내용이 나왔다. 화산 폭발이라니!!! 나는 곧장 엄마를 졸라서 용돈을 받아 가지고는 동네 구멍가게에서 식용 소다랑 빨간 색소를 하나씩

사 왔다. 그 길로 놀이터로 달려가 흙을 그러모아 두둑하게 산처럼 쌓아 올리고, 쪼끄만 통에 소다랑 색소를 섞어 산꼭대기에 파묻었다. 그러고 그 위에 식초를 붓자, 콸콸콸! 부글부글 흙더미 위로 용암 같은 뻘건 거품이 솟구치며 쏟아져 내렸다.

"우아! 진짜 화산이 폭발하네!"

벌써 20년도 더 지난 일인데도 그날 내 손으로 화산 폭발을 만들어보았던 순간이 생생하게 떠오른다. 어찌나 재밌고 신기하던지 그 자리에서 똑같은 실험을 몇 번이나 되풀이하고서야 집에 돌아왔다. 내가 곳곳에 색소와 식초를 쏟아부으며 어지럽히고 놀던 그 흙투성이 놀이터는 이제 말끔한 공원이 되어 있다.

물론 그날의 화산 폭발 실험이 내가 잘못된 길로 들어선 결정적인 계기는 아니다. 어쩌다 내가 과학의 길로 들어서게 되었는지를 시작부터 따져보려면 먼저 《팡팡》에 대해서 이야기해야 한다. 이름만 들어도 기분을 팡팡 들뜨게 하는 그것은 바로 내 초등학생 시절의 삶의 전부, 유일한 낙, 한 달의 기다림이었던 월간 만화 잡지였다.

한 달 동안 엄마 심부름하고 남은 잔돈을 축구공 저금통에

꼬박꼬박 모았다가, 《팡팡》이 나오는 날이면 홍대입구역에 있던 동남문고로 저금통을 들고 찾아갔다. 갓 나온 잡지를 집어 들고 계산대로 가서, 그 자리에서 축구공 저금통을 열어 백 원짜리, 오백 원짜리 동전들을 일일이 꺼내 값을 맞추고 사 오곤 했다. 그러고 나서는 다음 호가 나올 때까지 한 달 동안 그 만화 잡지를 읽고 또 읽고 또 읽으며 기다렸다. 그렇게 나의 《팡팡》 사랑은 중학생이 될 때까지 계속되었다.

중학생이 되자 더는 초등학생들이 읽는 만화를 볼 수 없었다. 이제 나도 어엿한 청소년인데, 애들이나 보는 만화를 볼 순 없지. 이건 자존심의 문제였다. 그리하여 나는 《팡팡》에서 《소년 점프》로 점프했다. 엄마한테 교통비로 받은 돈을 모아가지고 지금은 사라진 홍대 앞 만화 전문 서점인 한양문고에 가서 만화책을 사 보는 게 일주일의 낙이었다.

당시에는 일본 만화 주간지 《소년 점프》에서 연재되던 만화들이 세상을 휩쓸고 있었다. 〈원피스〉, 〈나루토〉, 〈블리치〉 등 정신 사납고 떠들썩한 남자애가 주인공으로 등장해 치고 박고 싸우는 만화들이었다. 허구한 날 고통받고 자빠지는 와중에도 꾸역꾸역 일어나고, 구렁텅이에 빠졌다가도 기어이 기어 나와

적을 해치워버리는 모습들이라니! 만화책을 사느라 버스비를 탕진하고 매일 학교에서 집까지 걸어 다녔더니 운동까지 돼서 더 좋았다. 나약한 인간은 세상을 구할 수 없는 법이니까!

우리 엄마는 믿지 않겠지만, 사실 나를 과학자로 키운 건 팔할이 만화책이다. 특히 〈헌터×헌터〉를 그린 작가 토가시 요시히로는 주인공인 곤과 키르아를 통해 내게 인생을 가르쳤다. 두 사람은 엄청난 재능을 타고났으면서도 노력을 멈추지 않았고, 목적지까지 기나긴 여정 속에서도 매 순간 좋은 스승을 찾아 성장해나갔다. 몇 년에 걸쳐 쌓아온 노력이 물거품이 됐을 때도 좌절하지 않았으며, 난관에 부딪힐 때면 처음 여행을 시작하며 꿈꿨던 목표를 되새기며 내달렸다. 절망스러운 순간에도 어떻게든 참고 버텨보는 것, 돌부리를 만나 넘어져도 용감하게 훌훌 털고 일어나 새로운 도전을 이어간다는 것, 그것이야말로 요즘 같은 세상에 과학자로 살기 위한 중요한 덕목이 아닐까.

물론 우리 엄마로서는 절대 동의할 수 없는 이야기일 거다. 엄마는 중학생이 되어서도 허구한 날 만화책에 빠져 사는 아들에게조차 밥은 챙겨 먹이는 자유로운 영혼이었지만, 그런 영혼조차도 "시험 기간에 만화책 절대 금지"라는 특단의 조치를 내렸다. 그러면 나는 당시 인생의 전부였던 만화책을 빼앗길 수밖에 없었는데, 그렇다고 공부를 할 수는 없었다. 만화책도 못 보고, 공부는 하기 싫고, 이를 어쩐다 싶었는데 다행히 묘수가 생겼다. 엄마가 밥 먹을 때랑 과학책 읽을 때만큼은 시험 기간이라도 내버려두었던 것이다. 다른 책들과는 달리 과학도서는 어느 책이건 간에 '공부스럽게' 보였던 덕분이다.

그래서 수업이 끝나고 과학 선생님을 찾아가 재미있는 과학책이 뭐가 있냐고 여쭤보았다. 나의 숨겨진 의도는 모른 채 마냥 기특하게 여긴 과학 선생님은 리처드 도킨스Richard Dawkins의 그 유명한 책『이기적 유전자The Selfish Gene』를 추천해주셨다. 생물의 진화라는 복잡하고 거대한 현상을 유전자들이 변화하며 치고받고 싸우는 과정으로 설명하는 아주 흥미로운 책이었다. 물론 40여 년 전에 쓰인 책인 만큼, 생물학이 눈부시게 발전한 지금에 와서 다시 보면 상당히 낡은 이야기가 되어버리긴 했다. 그러나 처음 그 책을 읽었을 때의 놀랍고도 명쾌했던 기억이 아직 생생하다. 눈에 보이지도 않는 작디작은 유전자를 가지고 생명체를 이렇게 간결하게 설명할 수 있다니!

나는 공부하라는 잔소리를 듣지 않기 위해, 계속 밥을 먹거나 과학책을 보는 수밖에 없었다. 하루에 다섯 끼를 먹고, 틈틈이 간식을 먹고, 그러고도 남는 시간에는 눈치껏 과학책을 읽었다. 스티븐 제이 굴드Stephen Jay Gould의 『생명, 그 경이로움에 대하여Wonderful Life』도 이 무렵에 읽었다. 고생물학자인 스티븐 제이 굴드는 고대의 신비로운 생명체들을 잔뜩 묘사하며, 생물 다양성이 폭발적으로 늘어났다가 급격하게 줄어든 '캄브리아기Cambrian period'(고생대의 첫 시대로, 약 5억 4,100만 년 전부터 4억 8,540만 년 전까지의 지질시대)에 대한 이야기를 유려하게 풀어냈다.

한때 지구에는 지금 우리의 눈으로 보면 마치 외계 생명체처럼 뜬금없게 생긴 생물들이 살고 있었다. 그리고 그중 열에 아홉은 어느 시기엔가 멸종해버렸다. 굴드는 고생물들의 이야기를 통해 새로운 생물이 등장하고 멸종하는 일들이 상당 부분 '우연'으로 일어난다는 것을 설명했다. 명확한 인과관계에 따라 필연적으로 탄생하고 소멸하는 것이 아니라, 단지 우연히 일어나는 일이라는 것. 그러니까 만약 시간이 되돌려져 지구의 탄생부터 모든 것이 다시 시작된다면, 어쩌면 지구에는 인간이라는 생물이 등장하지 않을 거라는 것이다.

우리 인간은 이처럼 수십억 년간 이어져온 진화의 역사 속에서 기적과도 같은 우연으로 탄생한 생물이다. 셀 수 없을 만큼의 행운이 거듭되어 태어난 존재들이니, 이왕이면 감사하고 즐거운 마음 가득 담아 살아가야 하지 않을까?

아마 이 무렵이었을 것이다. 세상에는 만화책의 주인공들보다 더 놀라운 상상력과 과학이라는 무기로, 생물과 진화라는 복잡한 세계를 이해하려고 분투하는 사람들이 있다는 걸 알게 되었다. 생물학자! 나도 그중 하나가 되고 싶었다. 기초과학 중에서도 하필이면 가장 취직 안 되기로 유명한 생명과학, 그중에서도 세상 쓸모없다는 취급을 받는 진화 연구의 길로 들어서게 된 계기 중 하나다.

만약 내가 《팡팡》을 사랑하지 않았더라면, 《소년 점프》로 점프하지 않았더라면, 과학 선생님이 생물학 책 말고 화학 책을 추천해주셨더라면, 지금쯤 생물학자가 아닌 다른 일을 하고 있으려나? 이렇게 되돌릴 수 없는 시간들이 켜켜이 쌓여 인간과 생물이 진화하듯, 나라는 인간 생물도 변화하고 있다.

예쁜꼬마선충은 사랑입니다

내 전공은 유전학으로, 보다 구체적으로는 선충線蟲의 유전자 진화를 연구하고 있다. 선충이 무엇인지 정확히 모르는 독자라도, 이름에서 어떤 생물인지 대강 짐작할 수 있을 것이다. 실처럼 길쭉하게 생긴 벌레라고 해서 '선충'이라고 한다(여기까지 읽고 기생충을 떠올렸다면 비슷하게 맞춘 것이다. 정확히 말하자면 선충 중에서도 다른 생물의 몸속에 기생하여 살아가는 녀석들을 기생충이라고 한다).

내가 주로 연구하는 대상은 선충 중에서도 '예쁜꼬마선충'이라는 이름을 가진 녀석들이다. 몸길이 1밀리미터 정도의 아담한 크기에 반투명한 몸통을 가지고 아주 귀엽고 우아하게 꿈틀거리는 친구들이다. 내가 예쁜꼬마선충을 연구한다고 하면, 그 이름을 처음 들어본 사람들은 열이면 열 정말로 그 벌레가 예쁜지를 궁금해한다. 그리고 스마트폰으로 검색해본 뒤 "으악!" 하고는, 도대체 왜 '예쁜 꼬마'라고 부르는지를 궁금해한다.

이 아이가 왜 예쁜 꼬마인지, 얼마나 예쁜 아이인지를 설명하기 위해서는 지금으로부터 120여 년 전 아프리카에서 시작된 이야기를 먼저 들려주어야 한다.

19세기 말, 아프리카 알제리에서 사서로 일하던 에밀 모파스Émile Maupas는 너무나 심심했던 나머지 취미로 생물을 덕질하기 시작했다. 당시엔 현미경을 가지고 하는 연구가 한창 유행이었던 터라, 모파스는 현미경을 하나 구해다가 길가의 흙을 퍼서 살펴봤다. 그런데 맨눈으로 보았을 때는 아무것도 없던 흙 속에서 작고 길쭉한 어떤 생명체들이 꿈틀거리고 있는 것이 아닌가! 운명과도 같았던, 예쁜꼬마선충과 처음으로 만난 순간이었다.

모파스는 이 벌레들의 꿈틀거리는 몸짓에서 영감을 얻어 '우아한 선충*Rhabditis elegans*'이라는 이름을 붙이고, 먹이고 재우고 어르고 달래며 녀석들이 자라는 과정을 자세하게 관찰했다. 시간이 흘러 이 우아한 선충이 기존에 알려진 선충*Rhabditis*과는 다른 특징을 지니고 있다는 게 밝혀졌고, 새롭다는 의미의 'Caeno'를 덧붙여 '우아한 신생선충*Caenorhabditis elegans*'이라는 학명을 얻게 됐다. 한국에서는 우아함보다는 예쁘고 귀엽다는 특징에 초점을 맞췄는지, 예쁜꼬마선충이라는 공식 명칭을 얻게 됐다.

예쁜꼬마선충

이야기는 1940년대, 2차 세계대전이 터졌을 무렵으로 이어진다. 프랑스에서 생물학을 연구하던 빅토르 니곤Victor Nigon은 전쟁이 나서 학교가 문을 닫자 한순간 실업자가 되었다. 이제 뭘 해 먹고살아야 하나 걱정하고 있는데, 지도교수에게서 연락이 왔다. 할 거 없으면 집에서 선충이나 덕질해보라는 연락이었다. 니곤은 심심하던 차에 잘됐다며 예쁜꼬마선충을 연구하기 시작했고, 곧이어 니곤의 동료였던 엘즈워스 도허티Ellsworth Dougherty도 예쁜꼬마선충 덕질에 동참하게 되었다.

니곤과 도허티는 연구실에서 예쁜꼬마선충을 잘 기르기 위해서는 밥으로 뭘 먹여야 하는지, 지내는 환경은 어떻게 해줘야 잘 사는지 등 선충을 기르는 다양한 방법들을 개발했다. 당시 이들이 개발한 선충 연구 방법은 지금까지도 상당 부분이 거의 비슷하게 사용되고 있을 정도로 선충 연구의 든든한 토대가 되었다.

그 후 도허티는 일자리를 찾아 미국 캘리포니아로 건너가 거기서 예쁜꼬마선충의 친척뻘 되는 선충을 연구하기 시작했다. 그런데 예나 지금이나 선충을 가지고는 연구비를 지원받기가 어려웠던가 보다. 도허티는 그 전에 쓰던 다른 생물들보다 키우기 쉽고 단순해 실험하기에 최고의 생물이라는 점을 들며 예쁜꼬마선충을 연구해야 한다고 목 놓아 외쳤지만 연구비를 벌 수는 없었다. 제아무리 도허티라 해도 밥벌이가 안 되면 어쩔 도리가 없는 법. 극심한 스트레스로 괴로워하던 도허티는 1965년 끝내 자살하고 만다. 그리고 그 외침이 사후에 남아 예쁜꼬마선충 연구가 유행하기 시작했다.

오늘날 예쁜꼬마선충 학계에서 제일 유명한 시드니 브레너 Sydney Brenner 역시 도허티로부터 적잖은 영향을 받았다. 브레너는 원래 세균과 바이러스를 이용해 유전자를 연구하던 사람이었다. 그러나 어느 순간 세균과 바이러스처럼 단순하기 짝이 없는 생물에서는 더 이상 연구할 게 없다는 생각을 하게 되었다. 그는 수정란이라는 하나의 세포가 훨씬 복잡하고 거대한 생물로 바뀌는 과정(발생 과정), 그리고 행동이라는 복잡한 생명현상을 만들어내는 유전자들에 대해 연구하기로 결심했다. 하지만 사람처럼 세포가 너무 많고 행동도 복잡한 생물은 연구할 엄두조차 낼 수 없었다. 사람보다는 훨씬 단순하고 세균보다는 훨씬 복잡한 생물, 발생과 행동의 비밀을 풀어줄 복덩이가 필요했다.

그때 "예쁜꼬마선충 덕질합시다!"라는 도허티의 외침을 접하게 되었다. 브레너는 이렇게 단순하고 우아한 생물을 키울 수 있다는 것에 놀라며, 도허티에게 벌레 좀 보내달라는 편지를 썼다. 도허티는 곧장 예쁜꼬마선충을 보내줬다. 브레너는 도허티에게 받은 예쁜꼬마선충을 가지고 온갖 돌연변이들을 만들며 생물의 발생과 행동을 유전자를 통해 살펴보는 연구를 진행했고, 그 이후로 예쁜꼬마선충 학계는 급속도로 성장하게 되었다.

브레너 영감님과 동료들, 제자들은 예쁜꼬마선충이 알에서부터 자라나는 과정을 조절하는 온갖 유전자를 찾아냈다. 특히 예쁜꼬마선충의 세포 중에서 어떤 세포들은 적시적소에 죽음으로써 오히려 선충을 더 정상적으로 자라게 만든다는 것을 알아냈는데, 이 같은 '세포 사멸'에 관여하는 유전자가 무엇인지 밝혀낸 공로로 브레너 영감님과 로버트 호비츠 영감님H. Robert Horvitz, 존 설스턴 경Sir John E. Sulston 세 사람은 2002년 노벨 생리·의학상을 받았다.

세포가 죽어야 생물이 제대로 자랄 수 있다는 게 이상해 보일 수도 있지만, 이는 사람을 비롯해 다양한 생물에서 공통적으로 찾아볼 수 있는 매우 중요한 생명현상 중 하나다. 이 유전자들이 제 기능을 하지 않으면 면역이나 신경계에 심각한 손상이 발생할 수 있다. 예쁜꼬마선충이 아니었다면, 그리고 눈이 빠지도록 현미경을 들여다보며 세포가 매번 똑같이 죽는다는 것을 발견해낸 연구자들이 아니었다면, 세포 사멸 현상과 관련 유전자들은 훨씬 더 뒤늦게야 알려졌을지 모른다.

나를 비롯한 연구실 동료들은 이 같은 역사의 끄트머리에서 연구를 계속하고 있다. 모파스가 길가의 흙에서 발견한 예쁜꼬마선충의 이야기는 니곤과 도허티에게 전해져 중요한 연구용 생물로 자리 잡게 되었고, 이후 브레너에게 다시 전해져 생물의 발생 과정을 유전자 수준에서 이해할 수 있는 길을 열어주었다. 또한 그 덕분에 다른 생물에게서는 관찰하기 쉽지 않았던 세포 사멸 현상과 그에 관여하는 유전자들에 대해 밝혀낼 수 있게 되면서, 인간이 고통스러운 질병에서 벗어날 수 있는 실마리도 확보하게 되었다. 그리고 이 길 위에서 우리는 여전히 미지의 영역으로 남아 있는 인류의 또 다른 궁금증을 해결하기 위해 오늘도 예쁜꼬마선충을 들여다보고 있다.

작은 몸뚱이로 우아하게 꿈틀거린다고 하여 '예쁜꼬마선충'이라는 이름이 붙었다지만, 녀석들이 생물학의 역사에서 얼마나 많은 역할을 했는지를 따져보면 '예쁜 꼬마'보다는 '우아한 거인'이라고 불러야 할지도 모르겠다.

쓸모없는 것을 연구하고 있습니다

예쁜꼬마선충은 빛나는 역사와 의의를 가지고 있지만, 현실에서의 반응은 그다지 뜨겁지 않다. 내가 하고 있는 연구에 대해 이야기하면 대부분의 사람들은 이렇게 반응한다.

"벌레에에? 그딴 거 연구해서 대체 뭐에 써?"

요런 얘기를 한두 번 들어본 게 아니다. 심지어는 같은 생물학을 하는 분에게도 "그런 거 말고 사람들이 재미있어 할 만한 연구를 해야지"라는 소리를 듣기도 했다. 그럴 때면 마치 내가 아무짝에도 쓸모없는 연구에 세금만 축내는 사람이 된 것 같은 기분이다. 선충 연구가 얼마나 중요한지는 7박 8일 동안이라도 떠들어댈 수 있지만, 시간이 없으니 핵심만 간단히 이야기해보겠다.

2000년대 초반에 전 세계를 놀라움에 들썩이게 만들었던 '인간 게놈 프로젝트human genome project'를 기억하는 분들이 많을 거다. '게놈'이 무슨 뜻인지는 잘 모르지만 얼핏 들어는 봤다고 생각하는 분들도, 아마 대부분 이 당시 홍수처럼 쏟아지던 뉴스들을 통해 들어봤던 것일 테다.

게놈genome은 우리말로 '유전체'라고 부른다. 생물의 몸속에 담긴 온갖 유전자와 그 유전자를 조절하는 정보를 통틀어 일컫는 말이다. 조금 더 자세하게 설명하자면, 우리 몸의 세포 안에는 엄마와 아빠로부터 물려받은 엄청난 길이의 실타래가 담겨 있다. 이 실타래는 'DNA'라는 실이 단백질에 돌돌 감겨 있는 형태로, 사람의 경우에는 세포마다 23쌍의 실타래가 들어 있는데, 돌돌 감긴 그 실을 한 줄로 쭉 펴서 잇는다고 치면 길이가 거의 2미터에 이를 정도다. 우리 몸에서 가장 큰 세포인 난자도 0.1밀리미터밖에 되지 않는데, 그 작은 세포에 2미터나 되는 DNA가

돌돌돌 감겨 있는 것이다.

DNA에는 유전자와 유전자를 조절하는 온갖 정보가 담겨 있다. 내가 지금 쓰고 있는 이 책이 한글 자모음 24개로 이루어진 것처럼, DNA에 담긴 정보는 A, T, G, C라는 4개의 문자로 적혀 있다. 이 4개의 문자는 나름의 규칙에 따라 배열되어 길고 긴 실타래를 이루는데, 세포 속 23쌍의 실타래에 나뉘어 담긴 이 DNA 정보는 총 30억 개에 달한다. 이 거대한 DNA 정보야말로 우리가 인간의 다양성과 질병을 이해할 수 있는 가장 확실한 실마리 중 하나다.

같은 부모에게서 태어났는데도 형제간에 생김새가 다른 이유는 뭘까? 비슷하게 줄담배를 피우는데도 어떤 사람은 폐암에 걸리고 또 어떤 사람은 괜찮은 이유는 뭘까? 이러한 질문들에 다양한 대답을 할 수 있겠지만, 요새는 사람들의 DNA 정보를 수집해 답을 찾으려는 시도들이 계속되고 있다. 인간 게놈 프로젝트는 바로 이러한 인간 DNA에 담긴 30억 개의 정보를 23쌍의 덩어리로 엮어냄으로써, 인간과 질병에 대한 이해를 높이려는 거대한 프로젝트였다.

그런데 이 일은 엄청나게 복잡한 퍼즐 맞추기였다. 간단히 말하면 30억 개의 문자가 23개의 실타래에 나뉘어 있는 셈인데, 그냥 책 읽듯 줄줄 읽을 수 있다면 좋으련만, 안타깝게도 그런 일은 현대의 최첨단 기술로도 불가능하다(쉽게 설명하기 위해 문자로 비유한 것일 뿐이지, 당연히 실제로는 훨씬 더 복잡하니까). 그래서 30억 개의 문자를 훨씬 더 작은 크기로 잘게 쪼갠 뒤, 이렇게 쪼개진 문자들 사이에서 겹치는 부분을 찾아다가 이어 붙여가며 해독하는 작업이 필요했다.

예컨대 모르는 글자 5개로 이루어진 단어 퍼즐을 맞춘다고 생각해보자. 기술적으로 한 번에 5개를 읽어낼 수가 없어서, 2개씩 쪼개어 읽어보니, 요런 결과가 나왔다.

니다

감사

합니

사합

겹치는 부분을 찾아 다시 정렬해보니 요렇게 된다.

감사

사합

합니

니다

이제야 원래 단어가 '감사합니다'였다는 걸 알 수 있게 된다. 인간 게놈 프로젝트는 이 같은 작업을 30억 개의 문자를 가지고 해야 했던 것이다. 심지어 어떤 부분은 1,000조각 퍼즐의 광활한 하늘 배경처럼 죄다 비슷하게 생겨서 맞추기도 쉽지 않았다. 그럼에도 불구하고 결국엔 해냈다. 10년도 넘는 기간 동안 막대한 연구비를 투자한 끝에, 이제 모든 연구자들이 언제든 사용할 수 있는 인간 게놈 지도 정보를 얻게 된 것이다.

물론 프로젝트 완료가 공표된 2003년 무렵에는 인간 게놈 지도에서 퍼즐의 하늘 배경처럼 서로 비슷하게 생긴 부분들은 여전히 빈틈으로 남아 있었다. 기술이 좀 더 발전한 뒤에야 이 빈틈을 모두 메우는 것이 가능한 상황이었다. 그리고 그로부터 18년이 흐른 2021년 5월 27일, 마침내 빈틈 없이 완성된 최초의 '완벽한' 인간 게놈 지도가 발표되었다.

요새는 이 지도 정보를 바탕으로, 과거에 비해 훨씬 더 편리하게 질병 연구를 할 수 있게 되었다. 예컨대 유전병의 경우에도 이제는 환자의 DNA 어느 부분에 문제가 생긴 것인지를 직접 분석해 연구할 수 있게 되었으며, 이때 이미 완성되어 있는 인간 게놈 지도를 비교 분석 자료로 활용할 수 있어 연구 비용도 훨씬 저렴해졌다. 특히 당뇨병과 자폐 범주성 장애 등 몇몇 질환은 인간 게놈 프로젝트의 성공 이후 연구에 큰 진전을 이루기도 했다. 그 밖에도 지금 이 순간에도 다양한 질병과 인간 진화의 실마리를 밝히기 위한 연구가 활발하게 진행 중이다.

그런데 여기서 핵심은, 이렇게 놀라운 프로젝트의 바탕이 되어준 연구가 바로 선충 연구였다는 사실이다. 일단 인간 게놈 프로젝트 같은 거대 사업에는 무지막지한 돈이 들어간다는 사실을 알아둘 필요가 있다. 현재 가치로 대략 5조 원 정도의 연구비가 투입된 이 프로젝트를 아무것도 없는 맨바닥에서 시작할 수 있었을까? 프로젝트가 시작된 1990년 당시 유전체 연구는 그야말로 최첨단, 말 그대로 세계의 끝에 있던 기술이었다. 인간 유전체 지도를 만들려면 대체 돈이 얼마나 필요할지, 연구진은 얼마나 투입돼야 하는지, 몇 년이나 시간을 써야 할지, 아무도 알 수 없었다.

수학 문제를 풀 때도 예제와 연습 문제를 풀어본 다음에 실전 문제로 들어가듯이, 유전체 지도를 만드는 데도 연습 문제가 필요했다. 사람과 나름 비슷(?)하면서도 비용은 훨씬 적게 들여 유전체 지도를 완성할 수 있는 생물을 가지고 먼저 연습해볼 필요가 있었다. 그 연습 문제가 바로 예쁜꼬마선충이었다.

예쁜꼬마선충은 몸길이가 1밀리미터 정도로 매우 작은데, 유전체 크기도 사람과 비교해 대략 30분의 1 정도로 작다. 인간 DNA의 유전 정보는 30억 개인 반면, 선충 DNA의 유전 정보는 1억 개 수준이다. 그러니 예쁜꼬마선충을 연습 문제로 삼아서 유전체 사업을 성공시키고 나면, 사람을 대상으로 할 때는 비용이 30배 정도 더 들 거라고 어림잡아볼 수 있는 것이다.

존 설스턴John Sulston을 비롯한 위대한 연구자들이 예쁜꼬마선충의 유전체 지도 작성 사업을 시작했고, 마침내 1998년 다세포 생물로서는 처음으로 유전체 지도를 완성시킬 수 있었다. 심지어 이 과정에서 유전체 분석 기술도 크게 발전해서 이후 유전체 지도를 만드는 데 필요한 비용도 절감할 수 있게 되었다. 또한 예쁜꼬마선충을 이용한 연습 문제를 성공적으로 풀어낸 덕분에 인간 게놈 프로젝트에 필요한 연구 예산도 구체적으로 추정할 수 있게 되었고, 관련 단체와 기관, 정부 등을 설득하여 연구비를 확보하게 되면서 초대형 프로젝트가 현실화된 것이다. 그리고 마침내, 2003년에 이르러 인류는 인간의 유전체 지도를 모두 그려내는 데 성공한 것이다.

이렇게 예쁜꼬마선충과 인간의 유전체 지도를 모두 완성하고 보니, 예쁜꼬마선충이 훨씬 더 쓸모 있는 녀석들이라는 게 밝혀졌다. 예쁜꼬마선충 유전자의 70~80퍼센트가 사람의 유전자와 꽤 비슷했기 때문이다. 그렇다면 인간을 대상으로는 할 수 없는 실험을, 이 작은 선충들을 가지고 해볼 수 있지 않을까? 그러다 보면 인간을 연구할 수 있는 실마리도 얻을 수 있지 않을까? 브레너 영감님이 예쁜꼬마선충을 가지고 온갖 돌연변이를 만들어보며 발생과 행동에 영향을 미치는 유전자를 발견할 수 있었던 것처럼 말이다. 이처럼 예쁜꼬마선충은 인간 유전체 지도가 완성된 뒤로도 인간이라는 거대한 문제를 풀기 위한 유용한 연습 문제로 쓰일 수 있다는 것이 다시 한번 입증되었다.

연구란, 인류가 알고 있는 지식의 테두리를 송곳으로 조금씩

찔러 넓히는 일이라고도 할 수 있다. '뾰족한 끝'이라는 뜻을 지닌 첨단尖端이라는 한자어처럼, 인류의 지식 그 끝을 조금씩 넓혀가기 위해서는 연습과 훈련이 필요하다. 내가 지금 풀고 있는 문제들은 언젠가 기술만 발전한다면 풀 수 있게 될 진화 연구의 연습 문제들인 셈이다. 어쩌면 그 길에서 인간에 대해 더 깊이 있게 이해하게 되고, 인류의 삶에 훨씬 더 큰 기여를 할 수 있게 될지도 모르겠다. 그러니 "그딴 거 뭐에 써?"라고 묻지 마시길. 우리 예쁜꼬마선충 상처받을라.

그렇게 대장균은 예쁜꼬마선충이 된다

생물학 연구실은 어떤 생물을 키우느냐에 따라 연구실에서 나는 냄새가 달라진다. 효모를 기르면 묘한 냄새가 나는데, 익숙한 사람에겐 빵 냄새처럼 느껴지지만 익숙하지 않다면 고소함이나 구수함을 넘어서는 구릿한(?) 냄새를 맛볼 수 있다. 초파리는 '초'라는 앞글자에서 짐작할 수 있듯이 워낙 시큼한 걸 좋아하는 녀석들이다 보니, 연구실에 들어가면 식초를 쏟은 것 같은 코를 찌르는 냄새가 진동을 한다. 이렇듯 생물학 연구실의 냄새는 아주 정직해서 지브라피시zebrafish 같은 물고기 연구실에서는 물비

린내가 나고, 생쥐 연구실에서는 누린내가 난다. 특히나 생쥐 실험이라도 하는 날에는 연구실 바깥 복도까지 누린내가 퍼져나간다. 가만히 키우기만 해도 연구실에 냄새 분자가 둥둥 떠다니며 코를 폭격하는데, 실험이나 수술을 하느라 가까이 가야 할 때면 정말이지 참기가 힘들 정도다. 그러나! 아주 귀엽고 사랑스러우며 우아한 예쁜꼬마선충은 어떤 상황에서도 '구수한' 냄새밖에 안 난다.

게다가 예쁜꼬마선충은 기르기도 무척 쉽다. 세포라도 키우는 곳에서 일하는 대학원생은 새벽에 술을 마시다가도 "세포 배양액 갈아주러 가야 해"라며 갑자기 자리에서 벌떡 일어나 휘청휘청 연구실로 들어가는 일이 종종 있는데, 예쁜꼬마선충을 키우면 그럴 일이 없다. 밥은 사흘에 한 번씩 1분이면 줄 수 있기 때문이다. 정확히 말하자면 밥을 준다기보다는 밥이 가득 담긴 새집에 예쁜꼬마선충을 옮겨주는 것이다. 이때 쓸모를 다한 헌 집은 그냥 쓰레기통에 통째로 버리기만 하면 돼서 똥 치울 일도 없다. 다른 생물 키우는 곳에서는 때를 맞춰 밥을 먹여야 해서 휴가도 마음대로 못 가는 경우가 많은데, 선충 연구자들은 그런 걱정을 할 필요가 없다. 선충은 생명력이 강해서 한두 달쯤은 밥을 안 먹어도 사는 데다가, 심지어 그마저도 귀찮으면 냉동실에 얼려둘 수도 있기 때문이다! 아니, 이렇게 사람답게 살 수 있는데도 다른 생물을 기른다고?

예쁜꼬마선충을 기르기 위해서는 먼저 대장균을 키워야 한다. 연구실의 선충들은 대장균만 먹기 때문이다. 대장균을 키우는 방법은 간단하다. 해조류의 일종인 우뭇가사리에서 뽑아낸 물질을 정제해서 만든 '한천'이라는 젤리 위에 대장균 배양액을 뿌려두기만 하면 된다. 하루이틀 지나면 대장균이 자라면서 배양액이 뿌려진 곳의 가장자리가 살짝 솟아오른다. 마치 잘 구워진 얇은 피자처럼. 그럼 준비 완료다.

이제 그 위에 사춘기를 맞이해 곧 어른이 될 예쁜꼬마선충을 올려준다. 선충을 옮길 때는 끈적한 대장균을 묻힌 백금선白金線(선충을 다룰 때 사용하는 가느다란 막대)을 이용한다. 많이도 필요 없고 서너 마리면 충분하다. 그러면 요 녀석들은 강아지가 잔디밭에서 뛰놀듯 너른 대장균 밭 위를 신나게 기어 다니며 쑥쑥 자라다가, 곧 성충(어른벌레)이 되어 알을 낳기 시작한다. 초반 2~3일 사이에 150개에서 300개 정도 되는 알을 낳으며, 이 알들 또한 3일 정도가 지나면 성충이 되어 다시 알을 낳는다. 예쁜 꼬마선충의 수명이 2~3주 정도이므로, 대충 계산해도 딱 한 개의 알이 일주일이면 수백 마리, 열흘이면 수천 마리까지 불어날 수 있다. 보기만 해도 기분 좋은, 정말 건강하고 신비로운 광경이다.

이렇게 잘 자라고 잘 번식하기 때문에 연구하기에는 정말 최고의 생물이다. 실험을 망치더라도 일주일만 기다리면 처음부터 다시 시작할 수 있는 실험체가 고스란히 생기니 말이다. 생쥐 같은 생물을 썼다간 다시 키우려면 몇 달이 걸릴 수도 있는 일이다. 물론 이렇게 키우기 쉽다 보니 선충과 관련한 쉬운 연구는 이미 남들이 다 해버려서 재미있는 연구 주제를 찾기가 쉽지 않다는 단점이 있긴 하다.

대장균을 먹여서 키우는 방식은 도허티가 고안했다. 생물 연구를 할 때는 전 세계 어디에서 실험을 하든 비슷한 결과가 나오도록 먹이나 온습도 등의 조건을 최대한 같게 맞추는 것이 중요하기 때문이다. 도허티는 기존에 키우고 있던 몇 가지 세균을 시험해보고는 대장균을 먹였을 때 가장 잘 자란다는 걸 알게 되었고, 그 이후로 대장균은 전 세계 예쁜꼬마선충들의 먹이가 됐다.

영화 〈올드보이〉에서 최민식은 군만두만 15년을 먹었지만, 예쁜꼬마선충은 사람에게 붙잡힌 뒤 대대손손 대장균만 먹고 있다. 요새는 예쁜꼬마선충이 야생에서 실제로 먹는 식사와 비슷하게끔 다양한 세균을 섞어서 먹여보려는 시도도 계속되고 있다. 그래도 기본적으로는 대장균과 콜레스테롤 같은 몇 가지 영양제 정도만 먹인다. 대장균이 곧 예쁜꼬마선충이 되는 것이다.

예쁜꼬마선충 말고 다른 선충들도 대장균만 먹고 살 수 있을까? 보통은 그렇지 않다. 대장균을 먹고 살 수 있어야만 연구실에서 키울 수 있는 선충인지 아닌지가 정해진다고도 볼 수 있다. 대장균을 먹지 않는 선충이라면 어떤 먹이를 먹여야 하는지 하나하나 시험해봐야 하는데, 그렇게 하다가는 대학원을 졸업할 수 없을뿐더러, 설령 야생의 세균이나 곰팡이 중에서 먹이를 찾는다 해도 이번에는 야생 세균과 곰팡이를 연구실에서 기를 수 있는 방법을 연구하기 시작해야 한다. 선충을 키우기 위해 세균을 키우는 실험부터 해야 한다면, 보통은 연구자가 먼저 연구실을 탈출해버리고 말 것이다. 그러니 길바닥이든 흙밭이든 과수원이든 자연 곳곳에 선충이 살고 있지만, 연구실에서 키울 수 있는 선충은 극히 일부에 지나지 않는 것이다.

한번은 서울시립과학관에서 장비와 공간을 빌려 일반 시민들과 함께 선충 채집을 갔던 적이 있다. 그때 몇몇이 썩은 도토리를 주워 왔는데, 그 안에서 선충들이 바글바글 나와서 신나서 연구실로 데려왔다. 그 썩은 도토리 한 알에서만 무려 수백 마리도 넘는 선충이 기어 나왔다. 아쉽게도 그중 연구실에서 대장균을 먹고 살아남은 선충은 단 한 마리도 없었다.

대체 야생에서 사는 선충들에게는 뭘 먹여야 하는 걸까? 그럴 때마다 나는 아직도 선충에 대해 완전히 이해하지 못하고 있다는 생각이 든다. 어쩌면 한 생명을 이해한다는 건 먹이고 키울 줄 아는 것에서 시작되는 것인지도 모르겠다.

생물이 미생물에 대처하는 자세

생물生物이란 양분을 섭취해 물질을 합성하거나 분해하고, 이를 통해 성장한 뒤 자손을 퍼뜨리며, 환경에 반응하고 적응하며 진화하는 존재를 말한다. 그런데 생물은 언제나 다른 생물과 영향을 주고받으며 살아가기 마련이다. 물론 사람이라는 생물 역시 그렇다. 우리는 종종 잊고 있지만, 사실 사람의 몸뚱이는 작은 미생물들이 살아가는 아주 좋은 서식지이기 때문이다.

미생물微生物은 생물의 하위분류로, 세균이나 효모처럼 눈으로는 볼 수 없는 아주 작은 생물을 가리킨다. 바이러스는 생물은 아니지만, 워낙 작다 보니 편의상 미생물에 포함시키곤 한다. 지구상의 미생물 중 상당수는 사람과 별 관련이 없지만, 어떤 미생물들은 사람에게 도움을 주거나 해를 끼칠 수 있다. 2019년부터 계속되고 있는 코로나바이러스감염증-19(이하 '코로나19')는 미생물이 사람에게 심각한 피해를 입힌 가장 대표적인 예다. 인류, 살아남을 수 있을까?

같은 미생물이라 하더라도 숙주가 어떤 생물인지, 어떤 환경인지, 어떤 유전자를 지니고 있는지에 따라 미치는 영향이 달라진다. 왜 코로나19의 바이러스는 사람은 공격하면서 박쥐 같은 동물에는 별 영향을 끼치지 않는 걸까? 대장균은 평소에는 사람들 배 속에서는 양분도 분해해주면서 잘 지내다가, 이따금씩 설사병 같은 문제를 일으키는 이유는 뭘까? 이런 걸 보면 미생물들도 누울 자리를 보고 발을 뻗는 셈인데, 이 자식들 사람 몸 속에서 발 좀 못 뻗게 할 수는 없는 걸까?

인간이 미생물에 대처하려는 시도는 오랫동안 매우 다양한 형태로 있어왔다. 그중에서 내가 제일 관심 있게 보고 있는 건 다른 생물에게서 해답을 찾아내려는 시도들이다. 미생물의 공격에 대응하는 다양한 생물들의 대처법에서 인간에게 적용 가능한 방법이 없는지 찾아보는 것이다.

가장 고전적이고 성공적인 사례는 곰팡이로부터 항생제를 개발한 일이다. 항생제는 곰팡이를 비롯한 다른 미생물이 세균을 물리치고 자기를 보호하기 위해 사방에 뿌려대는 화학무기인데, 사람이 잘 가져다 쓴 덕분에 세균을 통한 감염증으로부터 인류를 지켜준 막강한 무기가 될 수 있었다.

그런데 항생제에도 치명적인 문제점이 있다. 항생 물질에 견디는 힘이 강한 내성균이 생겨났다는 점이다. 심지어 어떤 항생제를 써도 듣지 않는 '슈퍼 박테리아'도 늘어나고 있다. 그래서 미생물이 아닌 다른 생물에서 내성을 이겨낼 수 있는 항생제를 찾아내려는 연구도 활발히 진행되고 있다. 대표적인 것이 개구리와 같은 양서류에서 찾아낸 다양한 항생 물질이다. 이를 인체에 적용할 수 있는 항생제로 만들기 위한 연구가 국내외에서 진행 중이다.

나를 포함한 몇몇 연구자들은 선충에서 이런 물질들을 찾고 있다. 선충은 죄다 미생물 속에 파묻혀 사는 생물들이다. 신기한 건 선충들마다 좋아하는 미생물도, 싫어하는 미생물도 달라서,

어떤 세균을 먹이로 주느냐에 따라 자라는 정도가 다르다는 점이다. 또 어떤 세균은 몇몇 선충에게는 해를 끼치지만, 다른 선충에게는 별 영향도 못 주고 맛있는 한 끼 식사가 될 뿐이다. 이런 걸 자세히 연구할 수 있다면, 선충이 갖추고 있는 세균 공격용 무기도 가져다 쓸 수 있는 길이 열리지 않을까?

물론 그것이 정말 가능할지는 아직 아무도 모른다. 그렇지만 세상을 뒤흔든 과학의 발견은 때로는 우연히 찾아오기도 한다. 실험 도중 실수로 방치한 푸른곰팡이에서 발견한 항생 물질 '페니실린', 내복용 살균제를 개발하다가 탄생한 해열·진통제 '아스피린', 그리고 더 멀리 거슬러 올라가면 금을 만들어내려다가 정작 금은 못 만들고 수많은 새로운 물질을 발견해 근대 화학의 발달을 이끈 연금술사들의 사례도 있다. 게다가 이제는 유전자를 조작하는 데 없어서는 안 될 '유전체 편집 기법'도 감기에 걸리지 않는 유산균을 연구하다가 우연히 발견하게 된 것이다. 이러한 사례들은 모두 우연에서 비롯된 것이지만, 중요한 것은 이 같은 행운을 발견하기 전까지 온갖 다양한 생물을 연구한 역사가 앞섰다는 것이다.

인류가 우연히 찾아낸 수많은 자연 물질들처럼, 다양한 생물들을 연구하다 보면 정말 뜬금없는 곳에서 해결책이 나올지도 모를 일이다. 혹시 알아? 비록 지금은 아무도 관심을 두지 않는 생물이지만, 그 안에서 인류를 구원해낼 기적과도 같은 물질이 발견될지? 선충, 킬리피시, 두더지쥐, 장수말벌, 노린재… 어떤 생물에 정답이 숨겨져 있을지 누구도 모른다. 지금은 연구할 수 있는 대상이 너무 적어서 아쉬울 따름이다. 아, 연구비 따서 죄다 살펴보고 싶다.

재미있는 논문의 기쁨과 슬픔

"하, 이 논문 진짜 재밌네!"

매주 금요일이면 전 세계에서 가장 잘나가는 논문들이 《네이처Nature》, 《사이언스Science》 같은 고오급 학술지에 출판돼 세상에 나온다. 대학원에 입학하고 얼마 안 됐을 무렵, 퇴근하고 집에서 할 일도 없어 학술지를 슬슬 훑어보고 있을 때였다. 내 취향에 딱 맞는, 아주 재미있어 보이는 논문 제목이 눈에 띄었다. 요약본도 읽어보고 논문에 첨부된 그림들도 전부 살펴봤는데 보면 볼수록 아주 흥미로웠다. 과학이라는 활동 자체가 전 세계에서 수많은 연구자들이 "내 연구가 이렇게 재밌다!"라고 외치는 일인 데다가 분야도 워낙 넓다 보니 이렇게 취향에 딱 맞는 논문 찾기가 쉽지 않은데, 그런 논문을 만난 것이다. 보통은 제목만 재미있거나, 요약문만 읽어서는 이해가 잘 안 되거나, 그림들이 해석할 수 없이 복잡해서 80퍼센트 이상은 건너뛰게 마련인데 이렇게 재미있는 논문이 있다니!

나는 자세를 바로 하고 앉아 작정하고 한 줄 한 줄 꼼꼼하게 읽어보았다. "하!" "크으, 실험 진짜 잘하네." "이런 실험을 고안해냈다고? 나랑 같은 종 맞나?" 읽는 틈틈이 이런 소리가 절로 나왔다. 세상에 이렇게 흥미로운 연구를 이렇게 잘 해내는 사람들이 있다니! 그날 밤은 나도 그런 대단한 연구를 하고 싶다는 마음에 이 생각 저 생각으로 설레다가 잠까지 설치고 말았다.

다음 날 연구실에 출근하자마자 그 논문을 낸 사람이 어떤 연구들을 해왔는지 샅샅이 뒤지기 시작했다. 정확하게는 그 논문을 낸 연구실에서 어떤 연구를 했는지 검색한 것이다. 보통은 지도교수가 논문 맨 마지막에 교신저자(다른 연구자들 및 학술지 담당자와 연락을 취할 수 있는 저자로, 흔히 프로젝트 책임자를 의미함)로 이름을 올리기 때문에 찾아보기 어렵지 않다.

해당 연구실의 논문들을 보면 볼수록 지도교수가 대가라는 사실이 온몸으로 느껴졌다. 인생에서 한두 편 내기도 어렵다는 고오급 학술지에 논문을 수두룩하게 낸 데다가, 각각의 논문들 모두 그 시대에 할 수 있었던 가장 중요한 연구 주제들을 다루고 있었다. 나중에 연구실 선배에게 물어보니 역시나 대단한 연구자였다.

"코리 바그만Cornelia Bargmann? 신경계 연구하는 사람 중에 제일 잘나가는 사람이잖아! 선충 학계에서 가장 유명한 연구자 두 명을 꼽으라고 하면 그 안에 들어갈 거야. 다른 한 명은 노화 연구하는 신시아 케년Cynthia Kenyon일 테고. 참고로 둘 다 여자야."

코리 바그만은 예쁜꼬마선충을 이용해 행동이 어떻게 유전자와 신경계를 통해 조절되는지 연구함으로써, 다양한 행동을 '신경회로'라는 더 작은 단위에서 이해할 수 있도록 해주었다. 특히 선충의 후각을 연구하며, 어떤 신경세포가 냄새를 맡는 데 중요하게 작용하는지, 그 신경세포가 다른 신경세포와 어떻게 연결돼 있는지, 관련 유전자는 무엇인지 등을 상세히 연구한 것으로 유명하다. 당시만 해도 신경세포를 하나하나 뜯어보는 연구는 다른 생물에서는 거의 불가능한 연구였기에, 신경과학 분야의 대가로서 역할을 톡톡하게 해낸 바 있다. 그의 연구는 현재 인간의 뇌와 감각 능력, 신경 발달 등에 대한 더 깊은 이해로 이어지고 있다.

그 뒤로 한동안은 탐닉하듯 그가 밟아온 연구의 자취를 훑었다. 정말 즐거운 과정이었지만 한편으론 자괴감이 커졌다. 논문의 요지가 되는 질문의 수준도, 그 질문에 답하고자 근거를 모으는 실험의 수준도, 내가 하고 있던 연구와는 차원이 달랐기 때문이다. 누구나 궁금해할 만큼 중요하고 재미있는 질문을 주제로 삼아서 당대에 할 수 있는 최첨단의 실험 기법을 모두 동원해 탄탄한 증거를 기반으로 대답해내는 과학! 나는 그야말로 압도되고 말았다.

'이게 대가의 연구구나. 나는 졸업할 때까지 이런 좋은 연구를 할 수 있을까? 근처에라도 갈 수 있다면 정말 좋겠다.'

그런데 아무리 봐도 내가 그때 하고 있던 연구로는 그 근처의 근처에도 못 가겠다는 생각이 들었다. 게다가 실험은 또 오죽 안 되야지! 좌절감에 빠져 연구를 그만두고 싶다는 생각만 자꾸 들었다. 지금 생각해보면 참 어이없을 정도로 어리석었던 시절이다. 이제 막 걷기 시작한 사람이 올림픽 금메달리스트를 보면서 "왜 나는 저만큼 못 뛰는 거야!"라며 성질내는 꼴이었다.

그러던 무렵, 국제 학회에 참가할 기회가 생겼다. 그런데 정말 운이 좋게도 마침 코리 바그만이 그 학회에 참석한다는 소식이 들려온 거다. 나는 한껏 들떠서 학회 내내 그가 발표하는 날만을 손꼽아 기다렸다. 그를 만나면 어떻게든 말을 걸 기회를 만들어서 질문을 해보겠다고 다짐했다. 그리고 마침내 코리 바그만의 발표 날이 다가왔다. 그의 발표는 정말 흥미로웠고, 역시 그는 당대에 가장 중요한 연구를 하는 과학자라는 걸 여실히 보여주었다. 발표가 끝난 뒤, 나는 용기 있게 그에게 다가가 질문을 던졌다.

"선충으로 할 수 있는 다음 연구는 어떤 것이라고 생각하세요?"

질문이 너무 포괄적이었을까, 아니면 내가 영어를 엉망으로 한 탓일까. 나는 결국 대답도 듣지 못하고, 그에게 말 한 번 걸어보려고 끝도 없이 줄 서 있는 사람들에게 밀려나고 말았다.

학회가 끝난 뒤 한국에 돌아와서 나는 당시 하고 있던 연구를 다 접고 처음부터 다시 시작해보기로 했다. 코리 바그만의 연구들을 보면서 느꼈던 것처럼, 이전에는 답할 수 없었지만 지금 이 시대에는 답할 수 있는 가장 중요한 과학적 질문이 무엇인지, 가장 근원적인 바로 그 질문부터 다시 정리하기 시작했다. 물론 박사과정을 마친 지금은 그때와는 또 다른 지점에 서 있고, 코리 바그만의 연구들과는 완전히 다른 방향의 연구를 하고 있다. 그래도 가끔은 학회장에서 내가 제대로 질문했다면 그가 어떤 대답을 했을지 궁금하다.

"너라면 어떻게 대답했을 것 같은데?"

내가 학회에서 코리 바그만을 만났었다는 이야기를 하니 한 친구가 내게 질문을 고스란히 다시 던졌다.

"김준 박사님, 선충으로 할 수 있는 다음 연구는 어떤 것이라고 생각하시나요?"

나는 아주 뻔뻔하게 대답했다.

"당연히 지금 내가 하고 있는 연구지요! 연구비만 많았으면, 같이 일할 사람만 많았으면, 벌써 고오급 학술지에 논문 냈을 거다, 이 말입니다!"

"놀고 계십니다!"

농담처럼 대답하고 친구와 깔깔거리고 실컷 웃긴 했지만, 사실 그건 내 진심이었다. 내가 쓰고 있는 기술들은 현재 이 순간에만 사용할 수 있는 첨단에 있는 방법론들이고, 선충을 벗어나거나 한국을 벗어나면 충분히 잘 팔리는 기법들이라고! 앞으로야 어떻게 될지 모르니 가능한 한 높은 가치를 인정받을 수 있을 때 최대한 빠르게 논문을 쏟아내고, 다시 또 새로운 기술들을 익혀야 한다.

연구자들 사이에서 농담처럼 주고받는 말이 있다. "더 좋은 연구란, 이미 끝나서 논문으로 발표된 연구"라고 말이다. 그러니 하루하루 최선을 다해서 지금 내가 하고 있는 연구를 조금이라도 빨리 완성하는 것이 좋은 연구 아닐까. 오늘 내가 할 수 있는 일을 일단 열심히 하는 것, 교과서 같은 대답이지만 그것이 정답이겠지. 그러니 오늘도 새벽까지 조금만 더 일하고 퇴근해야겠어!

더 많은 연습문제가 필요한 이유

1980년대부터 의생명 산업이 성장하고, 2000년대 초반 인간 게놈 프로젝트가 성공적으로 완료되면서 의생명 분야에도 연구비가 쏟아져 들어오기 시작했다. 그리고 연구비가 늘어나는 만큼이나 생물학의 발전 속도는 엄청나게 빨라졌다. 내가 하고 있는 유전체 연구 분야에서도 다양한 논문이 쏟아져 나오고 있는데, 최근에는 전 세계 연구자들의 이목을 끈 아주 통 큰 연구 사업이 발표되었다. 바로 '지구 생물 유전체 사업Earth BioGenome Project'이다. 인간이라는 하나의 생물의 유전체 지도를 그리는 정도가 아니라, 이번에는 지구상의 모든 생물의 유전체를 전부 분석해 연구 자원으로 구축하는 야심찬 프로젝트다. 무려 5조 원이 투입되는 10년짜리 거대 사업으로, 한국의 일부 기관을 포함해 미국, 영국, 중국 등 10개국에서 다양한 기관이 참여하고 있다.

한국뿐만 아니라 전 세계적으로 돈만 잡아먹는 연구에는 지원하지 않는 게 유행인데, 확실히 큰돈 쓰고 그만큼 효과를 본 미국이나 영국 같은 나라들은 배포가 다른 것 같다. "5조 원? 길바닥에 널린 생물들을 연구해서 대체 뭐에 쓰겠다는 거냐? 그럴 돈이 있으면 사람을 연구해야지!" 뭐 이런 말이 나올 법도 한데, 참 신기한 나라가 많다.

인간 게놈 프로젝트도 사업이 시작되던 1990년 당시에는 생물학 역사상 가장 큰 프로젝트라고 불리며 전 세계를 놀라게 했었다. 연구 기간 13년, 연구비만도 무려 3조 원이라는 거액이 투입된 사업이었다. 그런데 이제는 연구 기간 10년에 연구비 5조 원이면 지구상의 모든 생물의 유전체 지도를 그릴 수 있을 만큼 생물학이 발달한 것이다.

아마 10년이 지나면 프로젝트 기획자들의 주장대로, 엄청난 수의 생물 유전체 지도가 완성될 것이다. 그러면 형태나 행동 등으로 비교해서 생물들이 어떻게 진화했을지 짐작해보는 수준이 아니라, 유전자 정보라는 정확한 데이터를 기반으로 생물의 진화를 이해할 수 있게 되는 것이다. 또한 생물들이 저마다 살아남기 위해 수만, 수억 년간 발달시켜온 저들만의 생존 무기를 빌려 쓸 수 있을지도 모른다. 세균이나 바이러스에 대한 보다 안전하고 확실한 대응책을 찾게 될 수도 있고 말이다.

지구 생물 유전체 사업보다 규모는 훨씬 작지만, 실제로 기생충의 진화를 비슷한 방법으로 살펴본 사례가 있다. 선충 중에는 가까운 친척인데도 어떤 건 기생충이고 어떤 건 기생하지 않는 선충인 경우가 있다. 기생충과 기생하지 않는 선충의 유전체 지도를 비교해보면, 어떤 유전자가 기생충이 되게끔 만드는 것인지 알 수 있지 않을까? 이런 질문을 바탕으로 연구가 시작됐다. 그 결과 연구자들은 몇몇 유전자들이 기생충에서 새롭게 태어나고 몇몇 유전자는 사라진 것을 확인했으며, 이 중 일부는 기생충이 숙주 몸에서 잘 버티도록 만들어주는 유전자일지도 모른다는 추정을 내놓았다. 이 연구를 활용하면, 기생을 돕는 유전자들만 집중 공격하는 아주 효과적인 기생충 약을 만들어낼 수도 있을 것이다.

인간을 연구하건 기생충을 연구하건, 유전체 연구에는 엄청난 비용이 들어간다. 내가 연구한 예쁜꼬마선충은 그나마 연구비가 덜 드는 생물인데, 예쁜꼬마선충을 가지고 진행했던 진화 연구에도 수천만 원이 들었다. 정작 내가 본격적으로 하고 싶은 다양한 생물의 진화 연구는 아직 시작도 못했는데, 그것들도 아마 못해도 건당 수천만 원은 들어가야 그럴듯한 연구가 될 것이다. 이만큼 돈을 들이고도 고작 "예쁜꼬마선충의 염색체 끝부분이 어떻게 진화했는지 확인했습니다", "예쁜꼬마선충을 연습문제 삼아서 염색체 진화를 살펴보는 것이 가능하다는 걸 확인했습니다" 요 정도의 결론을 얻을 수 있다(물론 더 자세한 이야기가 있긴 하지만, 아무튼 이야기의 큰 줄기는 그렇다). 이런 상황이니 사람이든 질병이든 당장 성과를 내세울 만한 것을 연구하라는 소리가 꾸준히 나오는 거다. 뭐, 이해는 한다.

미국이나 유럽은 물론이거니와 중국만 해도 과학 연구에 돈을 시원하고 거칠게 쓰는 곳이라 우리나라와는 사정이 다르다. 특히 미국이나 유럽에서는 이미 수십 년 전부터 꾸준히 사람을 대상으로 연구할 기반을 쌓아왔고, 시료(실험 재료로 사용되는 물질이나 생물)를 모으고 연구자를 훈련시키면서 실현 가능한 연구들을 수행해본 경험도 출중하다. 심지어 수백억 원이 들어가는 연구라 해도, 연구비를 투자하면 어떤 것들을 얻을 수 있는지에 대한 인식과 공감대가 마련되어 있다.

안타깝지만 우리나라는 아직 이 같은 인식과 경험이 부족하다. 한국에서 아직 해본 적 없는 연구에 대하여 "몇억만 씁시다!" 하고 요청해봐야 "그런 연구를 할 자격이 되시나요?" "그런 연구를 할 능력은 있으신가요?" "그런 연구에 그 큰돈을 써서 뭘 얻을 수 있나요?" 요런 반응이 나오기 십상이다. 비슷한 연구를 하는 사람들이 많다면 이 연구가 충분히 가능하고 돈을 쓸 가치가 있다는 게 납득이 될 텐데, 보통은 그렇지가 않으니 일단 설득부터 해야 하는 것이다. 그렇게 설득하는 데 몇 년을 보내고 나면, 그 사이에 다른 나라에서 먼저 좋은 연구 성과를 내버린다. 그걸 보고 우리나라에서도 뒤늦게 "이게 되네?" 하고 연구에 투자하려고 할 때쯤이면 그 연구는 이제 가치를 많이 잃어버리게 된다. 경쟁이 보통 치열한 게 아니다.

물론 진화 연구에 돈 좀 쓰자고 하는 것도 어려운 건 마찬가지다. 사람이나 질병을 연구하는 데 돈 쓰자고 하는 것도 설득하기가 어려운데, 벌레나 물고기 진화 연구에 돈 쓰자고 하면 콧방

귀나 뀌겠어? 얼마 전에는 물고기를 이용해서 척추동물의 진화를 연구하겠다는 계획서를 쓴 적이 있었다. 좋은 연구이긴 한데 이게 가능한 연구인지 모르겠다는 등의 평가를 받았다. 연구비 심사도 당연히 떨어졌다.

그런데 몇 달이 지나서 내가 계획했던 연구와 비슷한 형식으로 진화 연구를 한 논문이 전 세계에서 가장 잘나가는 학술지에 연달아서 서너 편이 주루룩 나온 것이다. 내가 더 빨리 따라잡아서 더 좋은 연구가 가능하다는 걸 보이지 못한다면, 결국 아무런 지원도 받지 못한 채 학계를 뜨게 되거나, 누군가 비슷한 연구를 먼저 해버려서 내 연구는 아류작으로 남게 될지도 모른다. 그러니 별수 없이 더 열심히 사는 수밖에 없다.

인간 게놈 프로젝트 이후로 유전체 연구가 발달해서 연구 비용이 크게 줄었듯이, 지구 생물 유전체 사업이 어서 성공해 혁신적인 비용 절감이 있기를 바라본다. 생산될 자료도 워낙 많을 테니 전 세계 연구자들이 달려든다 해도 그 모든 자료를 단기간에 다 써먹지는 못할 것이다. 어쩌면 콩고물이 좀 남아서, 기발한 아이디어와 분석 기법만으로도 썩 괜찮은 연구를 해볼 수 있을지도 모르겠다.

전 세계 연구진들, 다들 어서 좋은 연구 팍팍 해서 결과를 내놓으시기를! 그럼 나는 그걸 이용해서 더 재밌는 연구 해버릴 거야!

2

과학하는 마음

그때 알았더라면 좋았을 것들

내가 다녔던 포스텍에서는 학부생들이 대학원 연구실에서 실험을 배우는 일을 매우 적극적으로 장려했다. 그래서 본격적으로 전공 수업이 시작되는 2학년 때부터는 아예 연구실에 들어갈 것을 전제로 실험을 위주로 한 교과목들이 준비되었다. 당시에는 낯선 수업들에다가 과제며 수업이며 전부 버겁게 느껴져서 힘들다고 징징대기만 했는데, 박사과정을 마친 지금 돌이켜보면 당시 학부생 때의 실험 수업은 상당히 체계적이었다.

수백만 분의 1리터 정도 되는 미량의 액체를 섬세하게 다루는 가장 기본적인 실험 기법부터 시작해 실험용 생물을 기르고 관리하는 법, 유전자 조작 생물을 만드는 법, 연구 주제를 정리해 발표하는 법, 거기에 실험 과정과 결과를 글로 쓰고 논문 형식에 맞춰 정리하는 법까지…. 사실상 생물학 연구자에게 필요한 기본기를 모두 가르쳤던 것이다. 고강도 훈련을 받으면서 다들 죽을 것 같다고 울긴 했지만, 덕분에 전 세계 어느 연구실에 들어가도 현대 생물학에서 쓰이는 실험 기법의 기본은 갖춘 채로 시작할 수 있었다.

얼핏 듣기로 이런 실험 수업을 통해 매년 학생 한 명을 훈련시키는 데 5천만 원 정도가 들어간다고 했다. "그러니 감사히 생각하고 더 열심히 공부해라"라며 선생님이 잔소리하던 도중에 나온 이야기라서 그때는 잘 믿지 않았지만, 연구실 생활을 10년쯤 해보니 없는 말은 아니었다는 걸 알게 되었다. 그 정도 비용이 충분히 들겠더라고. 게다가 포스텍은 등록금이 300만 원가량으로 다른 사립대학 자연대나 공대에 비해 절반 수준이었던 데다가, 정부에서 지원해주는 이공계 국가장학금을 받기도 수월해 전교생 중 절반 정도는 거의 4년 내내 전액 장학금을 받았다. 그러니 그 비싼 수업들을 거의 무료로 들을 수 있었던 게 얼마나 감사한 일이었던지…를 그때는 몰랐다. '그때 알았더라면 좋았을 것들'은 늘 한참이 지나고야 알게 되는 법이다.

1학년 때는 실험 수업 외에도 물리, 화학 등 인접 과목들뿐 아니라 컴퓨터 프로그래밍, 글쓰기 등 다양한 교과 수업을 필수로 들어야 했다. "아니, 생물 배우려고 대학에 온 건데 왜 이딴 걸 배워야 하는 거야?" 하고 투덜거렸지만, 내가 쓸데없다고 생각했던 그 모든 수업이 현재 내가 하고 있는 연구에 알게 모르게 다양한 배경 지식이 되고 있다.

특히 이공계 전공에 어울리지 않는 엉뚱한 수업이라고 생각했던 글쓰기 수업은 훗날 영어로 몇천 단어나 되는 긴 글인 논문을 쓰는 힘을 길러주었고, 평생 써먹을 일 없을 거라고 생각했던 컴퓨터 프로그래밍은 현재 내 밥벌이 기술의 주요한 근간이 되었다. 생물학을 연구한다고 하면 흔히 매일 실험실에서 현미경으로 동식물만 들여다보고 있을 거라고 생각하기 쉽지만, 내가 하는 유전체 분석 연구는 사실 대부분 컴퓨터를 이용해 이루어진다. 게놈 프로젝트라는 것도 쉽게 말하면 생물의 방대한 유전체 정보를 세포에서 꺼내, 컴퓨터 속의 데이터로 바꾸는 것이기 때문이다.

생물학이 아닌 전혀 다른 영역에서 중요한 영감을 얻은 일은 그 밖에도 여럿 있었다. 한번은 대학 시절에 한국예술종합학교에서 교환학생으로 수업을 들었던 적이 있다. 종이를 만드는 수업이었는데, 수업을 진행하던 교수님이 아주 흥미로운 이야기를 해주셨다.

"콩나물을 그린다고 생각해봅시다. 콩나물을 그리는 방법은 엄청 다양할 거예요. 아주 세밀하게 묘사할 수도 있고, 아예 콩나물로 만든 종이를 이용할 수도 있을 거예요. 콩나물을 모아 종이를 만들면, 거기에 선을 하나만 그어도 그게 콩나물을 그려낸 작품이 될 수 있지 않을까요?"

종이를 직접 만드는 과정을 통해 미술 작품에 층위를 더할 수 있다는 이야기였다. 같은 조에 있던 미술 전공 친구들은 자주 들었던 이야기라는 듯 시큰둥한 표정이었지만, 내게는 정말 새로운 발상이었다.

그리고 얼마 후 드디어 직접 종이를 만들어보는 시간이 찾아왔다. 주변에서 흔히 볼 수 있는 다양한 식물을 가지고 종이를 만드는 과제였는데, 한창 옥수수가 나던 철이라 버려진 옥수수 껍질을 모아 온 조도 있었고, 모양과 크기가 제각각인 나뭇잎을 종류별로 들고 온 조도 있었다. 우리 조는 작은 꽃이 가득 핀 풀을 뽑아 가지고 왔다. 우리는 풀을 아주 잘게 찢고 갈아서 종이 원료와 섞은 뒤, 얇게 펼쳐 판판한 형태로 만들었다. 그리고 빛이 들지 않는 곳에 두고 며칠을 말렸다.

일주일이 지나 다시 찾아온 수업 시간, 잘 말린 풀꽃 종이를 꺼낸 우리는 모두 탄성을 질렀다. 빛 한 점, 이슬 한 방울 없는 곳에서 마르기만을 기다렸던 그 풀꽃 종이에 작은 싹이 돋아난 거다. 함께 그 모습을 지켜보던 같은 조 친구들은 “와, 예쁘다!”라며 연신 감탄하기 바빴다. 그러나 늘 감성보다 호기심이 앞서는 나는 궁금증을 떨칠 수가 없었다.

“엥? 빛이 없는 곳에서 어떻게 싹을 틔우고 이만큼이나 자란 거지?”

친구들은 그런 나를 잠시 어이없다는 듯 보다가 빵 터져서는 외쳤다.

“방금 그거 진짜 과학하는 사람 같았어!”

과학만 그런 것도, 생물학만 그런 것도 아니겠지만, 뭔가를 꾸준히 배우고 익히면 나도 모르는 새 그 과정에서 배우는 온갖 것들이 일상에 스며든다. 이제는 밥을 먹다가도 고소한 참기름 냄새를 맡으면 불현듯 '통깨의 유전체 크기가 얼마나 되더라?' 하는 생각이 들고, 수박이랑 호박은 같은 박과 식물인데 유전적으로 얼마나 다르길래 이만큼이나 맛도 향도 다른지 궁금해지고, 극지에서 지내는 생물을 보면 저 추운 데서 살 수 있게 돕는 요인이 무엇일지 연구하고 싶단 생각이 무럭무럭 솟아난다. 그럴 때마다 친구들에게 "이런 거 재밌지 않아?" 하고 물어보면 친구들은 "부끄러우니까 제발 어디 가서 생물학 덕후인 거 티 좀 내지 마" 하고 핀잔을 주곤 한다. 거참, 물리학 덕후들에게 들을 말은 아닌 것 같지만….

그때 알았더라면 좋았을 것들, 그러나 그때는 전혀 공감하지 못했던 선생님의 말이 종종 떠오른다.

"하나만 잘하는 사람은 세상에 너무나도 많아서 언제든 쉽게 대체될 수 있어요. 다양한 분야의 지식을 엮어서 생각할 줄 아는 사람, 통합적인 사고를 할 줄 아는 사람이 되어야 하죠."

생물학을 잘하기 위해서는 생물학을 더욱 깊이 있게 공부하는 것이 정답이라고 생각하던 시절이었다. 그러나 세상이 빠르게 변하는 만큼 생물학도 변하고 있다. 아니, 어쩌면 세상이 돌아가는 속도보다도 더 빨리 발전해서, 이제는 생물학만 붙들고는 그 변화의 속도를 따라잡기 어려운 상황이다. 내가 컴퓨터 프로그래밍을 이용한 생물학을 하고 있듯이, 물리학과 화학의 관점에서, 혹은 미술이나 음악 같은 전혀 다른 분야의 관점에서 생물학을 바라볼 때, 우리는 이 시대에만 답할 수 있는 새로운 문제를 찾게 될지도 모른다.

아주 작고 따뜻했던 생쥐에 대하여

이제는 교육 과정에서 빠졌지만, 나 때는 말이야, 중고등학교 국어 교과서에 이규보의 「슬견설虱犬說」이 실려 있었다. 한자어를 풀어보면 '이와 개에 대한 이야기'인데, 사람에게 기생하는 곤충인 이도 생명이고, 개도 생명이고, 사람도 생명이니 살아 있는 것들을 모두 소중하게 대하자는 내용이다. 어린 마음에 피를 빨아 먹는 이조차도 소중한 생명으로 대하자는 이 이야기가 어찌나 감명 깊게 다가왔는지 모른다. 한동안 모기도 어지간하면 잡아서 창밖에 날려 보냈을 정도였다.

눈에 보일락 말락 하는 작은 생명과도 갈등 없이 행복하게 살고자 했던 나에게 처음으로 충격적인 사건이 닥친 건 학부 시절 첫 번째 전공 실험 수업 때였다. '쥐장'이라는 창살 안에 갇힌, 실험대 위의 생쥐를 마주한 것이다.

그때까지 나에게 생쥐란 생물 책 속에 등장하는 글자로만 알고 있던 생물이었다. 그러니까 내 머릿속의 생쥐는 움직이는 생명체라기보다는 추상적인 단어에 불과했달까. 그런데 어느 날 갑자기 생쥐가 현실로 툭 튀어나온 것이다. 갑자기 등장한 생명체를 보는 것만도 긴장되는데, 주어진 미션은 너무나도 당혹스러웠다.

"안락사 방법은 여러 가지가 있어요. 그렇지만 무엇보다도 가장 중요한 건 실험 대상에게 최대한 고통을 덜 주는 방법으로 희생시켜야 한다는 겁니다."

실험을 가르쳐주던 대학원생 조교는 생쥐를 죽이는 걸 '희생sacrifice시킨다'고 표현했다. 그리고 이산화탄소 같은 기체를 가득 채워 질식시키는 방법, 주사를 통해 약물을 주입하는 방법 등 여러 가지 안락사 방법을 설명해주다가 마지막으로 '경추탈골법'을 가르쳐주었다. 한 손으로는 쥐의 뒷목을, 다른 손으로는 꼬리를 확실히 붙잡은 상태에서 단번에 꼬리를 잡아당겨 두개골과 경추를 분리시켜 의식을 잃게 하는 방법이다. 다른 장비나 도구를 쓰지 않고 직접 손을 사용하기 때문에 잔혹하게 느껴질 수 있지만, 단박에 의식을 잃기 때문에 오히려 고통 없이 보내줄 수 있는 방법이라고 했다.

"생쥐가 불쌍하다고 꼬리를 잡아당기다 멈추거나 천천히 잡아당기면 오히려 더 큰 고통을 줄 수 있어요. 반드시 단숨에 확 잡아당겨서 한 번에 경추를 끊어야 합니다. 명심하세요. 꼬리만 끊어지지 않게 조심하고요."

모기도 못 죽이던 나와 '희생'을 앞두고 떨고 있는 생쥐. 평화롭고 화해롭던 나의 우주에 나와 생쥐 단 둘만이 남겨진 기분이었다. 3차원의 생쥐를 보는 것만도 버거운데, 이 아이를 '희생'시켜야 한다고? 마음에 2톤쯤 되는 돌덩이가 얹힌 것 같았다. 게다가 한 번에 제대로 해내지 못하면 생쥐에게 더 끔찍한 고통을 줄 수 있다는 사실이 내 마음을 더욱 짓눌렀다.

나는 꼼짝도 할 수가 없었다. 깜깜한 연극 무대 위 조명을 받고 있는 것은 오로지 생쥐와 나뿐이었다. 주변의 소리도 들리지 않았다. 들리는 것은 오직 생쥐의 울음소리뿐이었다. 내 팔을 툭 툭 치며 생쥐의 희생을 종용하던 동기 녀석도 느껴지지 않았다. 생쥐에게서 나는 누린내만 코끝에서 진하게 느껴졌다. 결국 나는 그날 생쥐를 만져보지도 못하고 포기하고 말았다.

그렇게 첫 실험 수업의 공포가 희미해질 즈음, 실험을 배울 연구실을 정해야 할 시기가 다가왔다. 어떤 연구실로 갈까 고민하다가, 생물학을 하는 이상 생쥐 연구를 언제까지나 피할 수는 없을 거라는 생각이 들었다. '언젠가 한 번은 넘어야 할 산이라면, 지금 해보자!' 하고 생쥐 연구실행을 결심했다. 물론 그 생쥐 연구실이 학부생이 갈 수 있는 여러 연구실 중에서 비교적 편한 곳이라는 소문도 한몫하긴 했다(대학원생을 농담처럼 '연구실 노예'라고 부르기도 할 정도로, 어떤 연구를 하는 곳인지, 연구실의 분위기가 어떤지에 따라 노동 강도가 천차만별이기 때문이다).

긴장감을 안고 생쥐 연구실에 들어간 첫날, 다행히 처음부터 생쥐를 마주할 일은 없었다. 처음에는 동물 실험에 관한 안전 및 윤리 교육을 받았다. 생쥐처럼 큰 실험동물을 다루는 연구실은 보통 연구실과 동물실(실험동물을 사육하고 실험하는 공간)이 분리되어 있다. 안전 교육과 윤리 교육을 모두 마친 뒤에야 동물실에 출입할 수 있다.

교육의 핵심 내용은 실험동물에게는 반드시 '최소한의 고통'을 줘야 하며, '최소한의 살생'을 해야 한다는 것이었다. 그러기 위해 실험을 설계할 때부터 해당 동물에게 가능한 한 고통을 주지 않는 방향으로 계획을 짜야 하고, 만약 부득이하게 안락사를 시켜야 한다면 실험 대상으로부터 '최대한 많은 정보'를 다 얻어내서 더 이상의 희생을 막아야 한다고 했다.

이런 교육을 받고 있자니 생쥐를 보기도 전부터 다시 죄책감에 사로잡히기 시작했다.

"최소한의 고통, 최대한의 정보, 최소한의…."

주의사항을 중얼거리며 평정심을 찾는 동안 마침내 교육이 끝나고 동물실에 들어가게 되었다. 생쥐와의 두 번째 만남이었다. 동물실의 실험대 위에는 나와 친구들의 훈련을 위해 희생이 예정된 생쥐들이 놓여 있었다.

"오늘은 생쥐와 가까워지는 연습만 해볼 겁니다. 실험동물과 가까워져야 덜 고통스럽게 연구할 수 있어요. 목덜미를 잡아야 안 물리니까 엄지와 검지로 목덜미를 잡고 손바닥에 올려보세요."

나는 호흡을 길게 내쉬곤 조심스럽게 생쥐를 향해 손을 뻗었다. 망설일수록 공포만 주는 것 같아 잽싸게 목덜미를 잡아채 들어 올렸다. 생쥐는 공포에 휩싸여서는 사정없이 발버둥을 쳤다. 하마터면 놓칠 뻔했지만, 무사히 손바닥 위에 올렸다. 어찌나 몸집이 자그마한지 녀석은 내 손바닥의 절반도 채우지 못했고, 무게도 거의 느껴지지 않았다.

"겁먹어서 도망 못 치니까, 목덜미 놔줘도 돼요."

처음 만져본 생쥐는 정말 따스했다. 몇 발자국만 기어 나가면 손바닥에서 탈출할 수 있을 텐데, 생쥐는 도망칠 생각도 하지 못한 채 그저 공포감에 사로잡혀 온몸을 사시나무 떨듯 바들바들 떨고만 있었다. 굳은 결심을 하고 동물실에 들어왔지만 막상 생쥐를 직접 만져보니 마음이 흔들리고 심장이 요동쳤다. 눈앞이 새하얘져 도망도 못 가고 벌벌 떨고 있는 것은 생쥐만이 아니었다. 이윽고 두려움에 질린 생쥐가 똥오줌을 싸는 모습까지 보게 되자 나는 그야말로 정신이 나갈 것 같았다. 그때 다짐했다. 앞으로 내 인생에 생쥐를 다룰 일은 가능한 없어야 한다고. 생쥐가 고통스러워하는 것도 보기 힘들었지만, 일단 내 마음이 너무 고통스러워서 견딜 수가 없었다.

그러나 일단 생쥐 연구실을 선택한 이상 되돌아갈 수는 없었다. 그 후 몇 주 동안 우리는 생쥐를 다루는 연습을 하며 동물실을 드나들었다. 생쥐는 점차 사람의 손에 익숙해졌던 건지 아니면 지쳤던 건지는 모르겠지만, 시간이 지날수록 확연히 얌전해졌다. 며칠이 지나자 손으로 목 뒤를 잡아도 발버둥치지 않았고, 손바닥 위에서도 덜 떨었다. 나도 처음보다는 훨씬 차분함을 찾게 되었다.

마침내 생쥐를 희생시켜야 하는 날이 다가왔다.

"미안해…."

우리는 흡입 마취제를 이용해 생쥐를 마취시킨 뒤 생쥐의 배를 열었다. 심장에서 혈액을 뽑아내고 다양한 조직을 꺼낸 뒤, 이를 한데 모아 혈액과 온갖 조직에 담긴 정보를 확인하는 실험을 했다. 그 생쥐에게서 나온 실험 결과는 우리의 실험 보고서의 일부가 됐고, 학점을 받는 데에 쓰였다. 학점을 받은 날에 나는 생각했다.

'겨우 내 성적을 받자고 그 생쥐들을 죽여야 했을까?'

언젠가 생쥐를 이용해 신경생물학을 연구하는 지인에게 툭

던지듯 물어본 적이 있다.

"생쥐 연구하면 죄책감 안 들어요?"

그러자 그가 씁쓸하게 웃으며 답했다.

"들죠. 그런데 점점 무뎌지더라고요. 돌아보면 죄책감이 사라져간다는 게 더 무서워요."

물론 내가 연구하는 예쁜꼬마선충도 생쥐와 같은 생명체다. 나 역시 예쁜꼬마선충에게 일부러 스트레스를 주는 실험을 하기도 하고, 유전자를 조작하거나 때로는 죽이는 실험을 하기도 하니 내가 물어볼 만한 질문은 아니다. 게놈 프로젝트용 DNA를 모은다고 수천만 마리는 죽였고, 앞으로도 그럴지 모른다. 어찌 보면 생쥐 연구자에 비해 죄책감을 훨씬 덜 가지고서 연구를 하는 내 쪽이 더 잔인한 사람 같기도 하다. 그러나 사람보다도 따뜻한 체온을 가지고, 땡그란 눈을 마주하고는 온몸으로 공포감을 표현하는 생쥐를 대할 때의 마음과 똑같이 비교하기는 솔직히 어렵다. 생쥐도 그러한데, 다른 더 큰 동물들을 연구하면 오죽할까.

동물 실험에 앞서 안전 및 윤리 교육을 받는 이유는, 그러한 죄책감조차 과학자가 가져야 할 숙명 같은 과제이고, 이런 교육을 통해 과학자의 마음을 조금이라도 보호할 수 있기 때문이다. 불필요한 동물 실험은 마땅히 없어야 하겠지만, 과학, 특히 생물학이 발전하는 과정에서 생물은 희생될 수밖에 없다. 결국 누군가는 생물을 죽여야 하고, 그 과정에 익숙해지고 숙달되면서 과학자로서 성장해야만 한다. 그러니 죄책감을 기꺼이 떠안은 채로 연구에 임할 수밖에 없다. 다만 동물실에 들어가던 첫날 떨리는 마음으로 중얼거렸던 실험 윤리를 언제까지나 마음에 새기려고 한다.

'최소한의 고통과 최소한의 살생으로, 인류를 위한 최대한의 정보를 구한다는 것.'

언제나 새로운 눈이 필요하다

사람이 업을 쌓고 살다 보면 한 번쯤, 언젠가 대학원에 가고 싶다는 못된 마음이 몽실몽실 자라나게 된다. 더욱이 나는 과학자가 되고 싶다는 마음을 품고 대학에 온 터라, 대학원 진학을 늘 어렴풋이 염두에 두고 있었다. 이공계 대학원에서는 거의 모든 생활이 연구실에서 이루어지기에, 학부 시절에 최대한 다양한 연구실을 경험해볼 필요가 있었다. 대학원에 진학해 일단 지도교수와 연구실을 선택한 뒤에는 다른 곳으로 옮기기가 쉽지 않기 때문이다(연구실 선택은 대학원과 향후 연구 인생을 결정짓는 중대한 일인데, 이 중대한 결정을 위해 어떤 연구실이 나와 맞는지 알아볼 기회는 학부 시절뿐이다). 게다가 학교에서도 학부생들이 대학원 연구실에서 경험을 쌓는 것을 적극 권장했던 덕분에, 학부생이던 나는 생쥐 연구실 말고도 대여섯 곳의 연구실을 경험해볼 수 있었다.

애기장대

첫 연구실은 '애기장대'라는 작고 예쁜 식물을 키우는 곳이었다. 애기장대는 식물계의 예쁜꼬마선충 같은 존재라고 할 수 있다. 예쁜꼬마선충이 다세포 생물 중 가장 먼저 유전체 지도가 완성된 생물이라면, 애기장대는 고등식물 중 최초로 유전체 지도가 완성된 생물이다. 그만큼 식물 유전자 연구에서 대표적인 모델생물이라고 할 수 있다. 실용성만을 따진다면 애기장대 역시 식용 작물로도, 관상용으로도 쓸 수 없는 아주 쓸모없는 잡초에 불과하다. 그러나 6주라는 짧은 재배 기간, 이미 확보돼 있는 다양한 돌연변이와 야생 애기장대의 씨앗들, 간편한 유전자 조작 방법 등 연구하기 좋은 특성들 덕분에 식물 유전자 연구에는 최고의 모델생물이 되었다. 예쁜 꼬마선충과 참 비슷한 점이 많은 생물이다.

애기장대 연구실에 처음 들어갔던 날의 기분이 아직도 생생하다. 그곳은 연구실이라기보다 온실 같은 느낌이었다. 애기장대가 잘 자랄 수 있도록 온도와 습도가 항상 일정하게 유지되고 있어서 실험실 내부의 공기가 아주 선선하고 포근했다. 반면 조명은 어찌나 강한지, 사방팔방 내리쬐는 강렬한 조명 때문에 눈 뜨기도 힘들 지경이었다. 파릇파릇 높게 자란 애기장대도 있었는데 대부분은 흙이 아닌 젤리에 폭 박힌 채 자라고 있던 것도 신기했다. 다른 실험실과 달리 냄새도 하나 없고 정말 깨끗했다. 애기장대가 꽤 연약해서 아주 조심조심 키우다 보니 그렇게 되었다고 한다.

한 선배가 나를 데리고 연구실 구석구석을 돌아다니며 다양한 실험 기기와 식물들, 그리고 여러 사람들을 소개시켜주었다.

"여기서는 식물 씨를 심어주셔."

선배가 가리킨 곳에서는 중년 여성 세 분이 플라스틱 가림판 앞에 앉아 뭔가를 콕콕 심고 계셨다. 가림판 아래로는 손이 들어갈 수 있을 만큼 충분한 공간이 나 있었는데, 거기서는 바람이 끊임없이 나오고 있었다. 밖에 떠다니는 혹시 모를 오염 물질이 식물이 심겨진 젤리에 침투하지 않도록 가림판과 바람으로 막아주는 것이었다. 애기장대 씨앗은 눈에 잘 보이지도 않을 정도로 무지하게 작았는데, 그 작은 씨앗을 하나하나 콕콕콕콕 엄청난 속도로 심는 손놀림을 보고 있자니 감탄이 절로 나왔다.

"대학원생 말고도 연구실에 사람이 많네요."

"그럼. 행정 봐주시는 분도 계시고, 아까 씨 심어주시는 분들처럼 '테크니션technician'이라고 부르는 분들도 계시지. 지도교수님 외에 연구만 따로 봐주는 분도 계셔."

연구실에 직접적인 연구 인력 말고도 다양한 업무를 분담해주는 사람들이 있다는 것을 그때 처음 알았다. 잘나가는 연구실일수록 대학원생이 연구에만 몰두할 수 있도록 엄청난 인력이 연구를 지원해주고 있었다.

인간 게놈 프로젝트를 이끌었던 존 설스턴이 쓴 『유전자 시대의 적들』이라는 책을 나중에 읽고 알게 된 사실인데, 인간 게놈 프로젝트 때에도 유전체 지도를 만드는 데 필요한 실험을 과학자가 아닌 지역 주민들이 상당 부분 담당했다고 한다. 특히 미용사처럼 손재주가 좋은 이들이 많은 역할을 했다. 이들이 없었다면 인간 유전체 지도가 그렇게 빨리 완성될 수 있었을까.

식물 연구실 실습을 마치고는 화학과 연구실도 두 곳을 거쳤다. 지금은 생물학자로 먹고살고 있지만 대학 시절에는 화학도 꽤 좋아해서 복수전공을 한 터라, 화학과 연구실 실습도 필수로 해야만 했다. 그런데 일반적인 예상과는 달리 화학과 연구실에서는 시약이나 유리로 된 실험 기구 같은 뭔가 그럴듯한 도구들은 한 번도 만져보지 못했다. 내가 있었던 화학과 연구실은 두 곳 모두 흔히들 생각하는 '실험'을 하지 않는 연구실이었기 때문이다.

사실 세상에는 정말 다양한 연구실이 있다. 어떤 수학과 연구실에서는 볼펜과 종이만 가지고 연구를 하기도 하고, 반면에 어떤 물리과 연구실에서는 무려 1조 원짜리 거대한 방사광가속기(태양보다 100경 배 강한 빛으로 1,000조 분의 1초 단위로 물체의 변화를 포착할 수 있는 거대한 실험 장비)를 이용해 연구를 하기도 한다. 그런가 하면 생물과 연구실 중에는 남극이나 북극 같은 극한 환경으로 생물을 채집하러 가는 곳도 있고, 또 어떤 연구실에서는 사람에게 감염될 수 있는 위험한 세균이나 바이러스를 이용해 연구하기도 한다.

이렇게 하고 많은 연구실 중에 내가 선택한 화학과 연구실은 이론화학(이론과 수식을 이용해 실험 결과를 해석하고 물질의 화학적 성질을 예측하는 화학의 한 분야)을 다루는 곳으로, 오로지 컴퓨터만 가지고 계산하고 실험하는 곳이었다. 뭐, 그곳들을 선택한 데에 특별한 이유가 있었던 것은 아니다. "이론화학 하는 교수님들은 인품이 정말 훌륭하시지"라는 소문에 팔랑거리고 넘어갔기 때문이다.

정말로 첫 번째 화학과 연구실은 '부처님'이라는 별명을 가진 온화한 선생님이 운영하는 곳이었다. 그곳에서는 흔히 슈퍼컴퓨터라고 부르는 고성능 컴퓨터를 이용해서 독특한 구조를 지닌 분자가 어떤 특성을 지닐 것인지 물리학을 기반으로 예측하는 연구를 하고 있었다.

두 번째로 들어간 화학과 연구실도 컴퓨터로 계산하는 일이 주업인 곳이었다. 좀 더 구체적으로 설명하자면, 빛이 생체분자(생물체를 구성하거나 생물의 기능을 담당하는 특수 분자로, 단백질이나 핵산 등을 말함)와 결합했을 때 에너지가 어떻게 바뀌는지를 고성능 컴퓨터로 계산하고, 그 계산을 토대로 빛으로 인한 생체분자의 변화를 예측하는 것이었다.

예를 들면 광합성은 식물의 잎에서 일어나는 화학반응으로, 태양빛을 우리가 먹을 수 있는 양분으로 바꿔주는 세상에서 가장 중요한 반응 중 하나다. 태양빛은 엽록소라는 초록색 색소에 달라붙으며 엽록소의 모양 등을 바꾸는 반응을 일으키는데, 이때 빛에 담긴 에너지가 포도당 같은 양분으로 저장될 수 있게 바뀐다. 그런데 이런 과정은 엄청나게 빠르게 일어나기 때문에 직접 관찰하는 것은 매우 어렵다. 그렇기 때문에 고성능 컴퓨터를 이용해 연구하는 것이다.

어느 날 이곳의 선배들에게 예쁜꼬마선충 이야기를 했던 적이 있다.

"예쁜꼬마선충은 온도에 따라 자라는 속도가 아주 크게 달라져요. 25도씨에서 자라는 애들은 15도씨에서 자라는 애들에 비해 두 배는 더 빨리 커요."

그러자 누가 화학 덕후들 아니랄까 봐 선배들은 모두들 엄청난 호기심을 보이며 열띤 토론을 벌이기 시작했다.

"고작 10도씨 차이인데, 성장 속도가 그렇게 달라진다고?"

"15도씨와 25도씨는 절대온도 비율로 따지면 고작 3퍼센트 정도 차이잖아. 그런데 어떻게 그만큼 큰 영향을 주는 거지?"

(참고로 물리 덕후나 화학 덕후들은 섭씨온도가 아닌 절대온도를 기준으로 생각하기를 좋아하는 습성이 있다. 섭씨온도 15도씨와 25도씨는 절대온도로 변환하면 288.15K와 298.15K로, 약 3.47% 차이가 난다.)

"거참, 신기하네. 그러면 실험 시기가 여름인지 겨울인지에 따라 실험 결과가 달라질 수도 있다는 건데…. 우리도 논문에 '실온'이라고만 적을 게 아니라 정확한 온도를 써야겠구만?"

나는 생물학에서는 너무나 당연한 현상을 신기해하는 물리 화학과 선배들의 모습이 재미있어서 웃었다. 그런데 곰곰이 생각할수록 참 흥미로웠다. 생물학에서는 당연해 보이는 현상이 물리학이나 화학에서는 굉장히 의아한 현상으로 보인다면, 반대로 다른 학문에서 당연시되는 부분이 생물학에서는 놀라운 연구 주제가 될 수 있지 않을까?

'그래! 생명현상을 생물학이 아닌 다른 관점에서 바라보면 전혀 다른 이야기를 쓸 수도 있겠구나.'

이제는 물리나 화학과는 별 관련이 없는 일을 하고 있지만, 이날의 사건은 이후 내가 연구를 해나가는 데 있어서 매우 중요한 전환점이 되었다. 새로운 생물학을 연구하기 위해서는 기존의 생물학만이 아닌 다른 다양한 시선에서 대상을 바라볼 수 있어야 한다는 것.

과학자에겐 연구 주제가 생명과도 같다. 과학 연구를 업으로 삼고 살아가기 위해서는 새로운 연구 주제를 끊임없이 찾아야 하기 때문이다. 현재의 기술로 풀 수 있는 문제 중에서 가장 흥미로우면서도 아직 누구도 풀지 않은 문제, 말 그대로 수수께끼 같은 이 흥미로운 문제지를 오늘도 앞에 두고 있다.

다함께 생물 덕질합시다

예쁜꼬마선충 학계에서 가장 유명한 영감님인 시드니 브레너는 예쁜꼬마선충 연구로 노벨 생리·의학상까지 타셨지만, 사실은 평생토록 끊임없이 '새로운 생물'을 연구해야 한다고 주장한 사람이다. 그는 분자생물학(DNA의 구조와 특성을 바탕으로 분자 수준에서 생명현상을 연구하는 생물학)의 대가답게, 분자생물학의 고전적인 질문들은 이제 거의 다 풀려가고 있으니 더 흥미로운 주제로 방향을 바꿔야 한다고 생각했다.

그는 줄곧 "새로운 생물학은 새로운 생물에서 나온다"라고 주장하며 생명의 비밀을 밝히기 위한 생물 탐험을 멈추지 않았다. 그래서 브레너는 1960년대 초 대다수의 생물학자들이 바이러스와 세균을 연구하고 있을 때, "이제 바이러스와 세균은 끝났어! 새로운 생물을 연구해야 해"라며 예쁜꼬마선충 연구에 뛰어들었다. 또 2002년 예쁜꼬마선충 연구로 노벨상을 탔을 때는 '자연이 과학에게 준 선물Nature's Gift to Science'이라는 제목의 강연을 하며, "이제 예쁜꼬마선충은 끝났어! 지금부터는 복어를 연구해야 해" 하고 주장했다.

급기야 그는 2013년 한국에 초청받아 왔을 때도 예쁜꼬마선충 연구자들을 향해 "아직도 예쁜꼬마선충을 연구하다니! 이제는 사람을 연구해야지!"라고 외쳤다. 그 자리에 있던 '아직도 예쁜꼬마선충을 연구하는' 사람들이 엄청나게 열받아서 차마 여기에 적기 어려운 욕을 시원하게 쏟아부었다고 한다. 그중에는 브레너 영감님의 제자의 제자, 또 그 제자의 제자들도 섞여 있었는데, 그중에서 제자의 제자가 특히 심한 욕을 했다고 한다. 이분이 바로 내 선생님의 선생님이다. 그러니까 브레너 영감님은 내 고조할아버지뻘 되는 셈이다(브레너 영감님은 2019년에 돌아가셨다. 평온하시기를…).

어쩌면 꽤나 먼 관계처럼 보이기도 하지만 내가 브레너 영감님의 제자의 제자의 제자의 제자라는 것을 밝히는 이유는 그만큼 영광스러운 일이기 때문이다. 분자생물학의 거인이자 현대 생명과학을 이끌었던 위대한 과학자의 혈통을 이어받은 것이니 말이다. 꼭 그래서만은 아니지만 그래서 나 역시 줄창 “새로운 생물 덕질합시다! 새로운 모델생물 연구합시다!” 하고 외치고 있다.

모델생물model organism이란 다양한 생명현상을 이해하기 위한 실험이나 연구에 사용되는 생물이나 세포를 말한다. 가장 대표적인 것으로 내 사랑 예쁜꼬마선충이 있고, 그 밖에도 초파리, 생쥐, 애기장대, 효모, 대장균 등등 여러 생물이 있다. 그런데 모델생물은 과학자 한 사람이 “이제부터 이 친구를 모델로 씁시다” 하고 정한다고 되는 게 아니다. 많은 사람들이 연구에 사용하는 생물이어야 비로소 모델생물로 정착할 수 있다. 그 때문에, 모델생물이 되기 위해선 몇 가지 까다로운 조건들을 충족해야 한다.

첫째, 무엇보다 모델로서 연구할 만한 가치가 있어야 한다.

예를 들면 예쁜꼬마선충처럼 수정란부터 성충이 될 때까지 매번 똑같이 자라나 발생 과정을 연구하기 쉽다든지, 생쥐처럼 사람에게 좀 더 가까운 척추동물이어서 사람에게 못하는 실험을 대신할 수 있다든지, 엄청난 재생 능력을 지닌 플라나리아나 멕시코도롱뇽처럼 다른 생물에서는 나타나지 않는 독특한 생체 특징을 갖고 있다든지, 뭔가 연구해볼 만한 거리가 있어야 한다. 독특한 생명현상을 연구할 수 있는 모델이든, 사람을 대신할 수 있는 모델이든, 연구하고 싶은 특징을 쉽게 다룰 수 있는 장점을 지니고 있어야 모델 역할을 할 수 있기 때문이다.

둘째, 연구실에서 키우기 쉬워야 한다. 해당 생물을 구하기 쉽고, 먹이를 제공하는 방법도 간단할수록 좋다. 좁은 공간에서 많은 개체를 키울 수 있도록 몸 크기가 작은 생물도 유리하다. 번식이 잘 되는지, 얼마나 빠른 시간 안에 자라서 새끼를 칠 수 있는지도 중요하다. 다루기 쉽고 빠르게 잘 불어나야 짧은 시간 안에 가능한 많은 정보를 뽑아낼 수 있기 때문이다.

셋째, 다양한 정보를 뽑아내는 데 필요한 실험 기법과 연구 자원이 잘 갖춰져 있어야 한다. 우리가 알고자 하는 생체 정보를 확보하려면 생물을 대상으로 다양한 실험을 할 수 있어야 한다. 유전자를 조작하기도 쉬워야 하고, 돌연변이를 만들기도 쉬워야 하며, 이왕이면 다양한 돌연변이나 야생형 개체들이 이미 확보돼 있으면 더 좋다. 굳이 직접 만들 필요 없이 받아서 쓸 수 있다면 훨씬 편하게 일할 수 있기 때문이다. 때로는 같은 연구를 하는 사람이 얼마나 많은지도 중요하다. 좋은 사람들과 일을 나눠서 할 수 있다면 중요한 연구를 훨씬 더 빠르게 진행시킬 수 있을 테니까.

넷째, 유전체 지도 정보가 이미 확보되어 있다면 더 좋다. 현대 생물학에서는 유전자 정보를 확인하고 비교함으로써 생명현상을 이해하는 연구가 공고하게 자리 잡혀 있다. 유전체 지도 정보가 있다면 유전자 정보를 쉽게 확인할 수 있을 테니, 유전자를 확인하고, 유전자를 망가뜨리고, 다른 생물의 유전자를 집어넣는 등 다양한 연구를 수행할 수 있다. 현재 널리 쓰이고 있는 모델생물들은 대부분 21세기 초에 고품질 유전체 지도 정보가 확보된 덕분에 널리 쓰일 수 있었다. 이왕이면 연구하기 쉬운 생물을 쓰고 싶은 게 당연하지 않겠어? 유전체 지도가 있다면 연구가 훨씬 쉬워진다.

그 밖에도 모델생물들의 특징이 몇 가지 더 있지만, 대개는 이 정도 조건이 맞으면 모델생물로 쓰일 가능성이 높다.

그러나 기존의 모델생물만으로는 지구상의 수많은 생물들과 아직도 규명되지 않은 다양한 생명현상의 미스터리를 풀어내기에 많이 부족하다. 예쁜꼬마선충이나 초파리가 대표적인 모델생물이 된 이유는 이들이 다세포 생물을 대표할 수 있을 만한 특징을 가져서가 아니라, 어떤 다세포 생물에나 존재하는 발생 과정과 노화, 신경회로 등을 연구하기에 비교적 쉽고 적합했기 때문이었다. 다시 말해 현재까지 대부분의 생물학은 생물 사이에서 공통으로 나타나는 특징을 연구하는 데 집중돼 있었다.

그러한 탓에 여전히 생물들이 지닌 다양성과 차이점에 대해서는 아는 바가 많지 않다. 이런 다양성을 연구하기에는 너무 적은 수의 생물만을 연구했기 때문이다. 예컨대 예쁜꼬마선충만 해도 세포의 재생 능력이 뛰어나지도 않고, 사회적인 행동을 하지도 않으며, 수명이 너무 짧아서 수명이 긴 생물들만의 특성을 설명할 수 없다. 여전히 우리에게 더 많은 새로운 모델생물이 필요한 이유다.

나를 비롯한 전 세계 예쁜꼬마선충 연구자들은 우선 예쁜꼬마선충이랑 유전적으로 가깝지만 아직 연구가 거의 되지 않은, 그러면서도 신기한 생명현상을 지닌 선충을 하나둘씩 살펴보고 있다. 우리 연구실에도 예전에는 예쁜꼬마선충밖에 없었지만, 이제는 전국 각지에서 채집한 십수 종이 넘는 선충이 모델생물로 부상하기만을 기다리며 보관되어 있다. 게다가 선충 말고도 흔히 보기도 어려운 벌이나 하늘소 같은 생물도 냉동실 한쪽에 꽝꽝 얼려져 유전체 지도를 작성하는 데 필요한 연구비가 들어오기만을 기다리고 있다.

새로운 모델생물을 찾는 일은 선충에 국한된 것만도 아니다. 1933년 노벨 생리·의학상을 수상한 미국의 유전학자, 토머스 헌트 모건Thomas Hunt Morgan이 여름이면 초파리들을 가득 싣고 해양생물학연구소Marine Biological Laboratory로 떠나 온갖 생물을 연구했던 것처럼, 유전학을 연구하는 후손들은 이제 기존에는 다루기 어려웠던 생물들을 가장 최신의 유전학 기법을 동원해 자세히 살펴보고 있다. 세상에 존재하는 다양한 생물의 수만큼이나 신기한 생명현상은 예전부터 널려 있었지만, 수십 년 동안 여러 가지 유전학 기법들이 발전을 거듭하면서 이제 어떤 생물이든 자세하게 연구할 수 있는 길이 열린 덕분이다.

브레너 영감님의 말처럼, 정말 앞으로 새로운 생물학은 새로운 생물에게서 나올 것이다. 운이 좋다면 우리가 연구하고 있는 이 선충들도, 그리고 내가 연구하고 있는 더 많은 동식물들도 새로운 생물학을 낳을 수 있지 않을까? 포켓몬 마스터가 되기 위해 태초마을을 떠났던 지우처럼, 우리도 예쁜꼬마선충을 벗어나 새로운 모델생물 발굴을 위한 여정을 떠나고 있다.

작고 투명해서 고마운 친구들

세상에는 다양한 생물의 수만큼이나 다종다양한 생물 덕후들이 있다. 전 세계에 서식하고 있는 이들 생물 덕후들은 각자의 위치에서 할 수 있는 온갖 신기한 생물들을 연구한 뒤, 이를 엄청나게 흥미롭고 아름답고 우아하기까지 한 연구 결과로 만들어 발표하고 있다. 덕분에 나는 연구실에서 홍차나 홀짝이면서 남들이 몇 년 동안의 삶을 갖다 바쳐 만들어낸 결과물만 쏙쏙 들여다볼 수 있게 됐다.

특히 물고기 중에 신기한 생물이 정말 많은데, 물에 사는 생명체는 다양하기도 하거니와 이들을 덕질하는 공동체도 아주 커서 신비로운 논문들이 자주 출현해 나를 종종 '금사빠'로 만든다. 이토록 아름다운 재밌는 놈들이 또 있다니!

나를 사랑에 빠뜨린 녀석들 중에 먼저 소개하고 싶은 생물은 현재까지 알려진 모든 척추동물 중에 수명이 가장 짧은 물고기, 킬리피시killifish다.

연구실에서 흔히 쓰이는 생쥐는 보통 3년 정도 살고 죽는다. 덕분에 생쥐로 노화라는 생명현상을 연구하려면 입학하자마자 부랴부랴 실험용 생쥐들을 준비해야 하고, 준비가 끝나면 생쥐가 늙어서 죽기까지 몇 년은 시간을 보내야 비로소 논문 작성을 시작할 수 있다. 끔찍한 일이다. 예쁜꼬마선충은 2주면 죽기 때문에 같은 일을 수십 배 빠르게 할 수 있다는 굉장한 장점이 있지만, 워낙 구조가 단순하고 또 척추동물이 아니라서 척추동물만이 지닌 노화 현상을 연구하기엔 한계가 있다.

그런 면에서 킬리피시는 척추동물계의 예쁜꼬마선충이라고 볼 수 있다. 태어난 지 3주만 지나면 어른 물고기로 자라 새끼를 낳고, 6개월이면 수명을 다한다. 생쥐 같으면 몇 년은 걸릴 연구를 1~2년 안에 다 끝낼 수도 있는 수준이다. 게다가 대부분의 킬리피시 수명은 6개월 정도지만, 특정한 종류의 킬리피시는 1년 가까이 사는 녀석들도 있다고 한다. 둘 사이에 있는 유전적인 차이가 무엇인지를 밝혀낸다면, 수명의 차이가 어떤 유전자에서 비롯되는 것인지를 알아낼 수도 있을 것이다. 킬리피시를 이용해 척추동물의 노화 과정을 보다 정교하게 연구할 수 있다면, 인류의 오랜 꿈인 불로장생의 비결을 밝혀낼 수도 있지 않을까?

킬리피시

또 다른 신기한 물고기는 크기도 작고 얼음처럼 투명해서 온몸이 죄다 비쳐 보이는 '다니오넬라*Danionella translucida*'다. 현대 생물학자 중에는 뇌 안에서 이루어지는 신경계의 복잡한 상호작용을 낱낱이 들여다보고 싶어 하는 이들이 꽤 많다. 다행히 요즘엔 신경 연구 기술이 발달해서 여러 가지 형광 물질을 이용해 신경세포를 하나하나 색칠해서 볼 수도 있고, 빛이나 화학 물질을 이용해 원하는 신경세포만을 켜거나 끄는 일도 가능해졌다.

예쁜꼬마선충처럼 투명한 생물이라면 신경세포를 자극하는 빛을 뿅뿅 뿌려서 행동을 원하는 대로 조작하는 일도 가능하고, 신경세포를 여러 색깔로 칠한 다음 예쁜꼬마선충이 움직이거나 반응할 때마다 어떤 신경세포가 작동하는지 확인하는 등 신경세포 수준에서의 행동 연구도 가능하다. “예쁜꼬마선충의 신경세포 중에서 A, B, C가 작동하면 고약한 냄새를 감지해서 도망치는구만!” 이런 걸 알아낼 수 있는 것이다. 그런 연구를 성공시키고 나서는 “그렇다면 신경세포 A, B, C를 우리가 임의로 자극시키면 냄새가 없어도 도망을 칠까?”라는 후속 주제를 가지고 연구할 수도 있다. (정말 예쁜꼬마선충은 신경세포 A, B, C를 자극하면 아무것도 없는 곳에서도 도망치게 된다.)

이런 연구를 척추동물을 가지고도 할 수 있다면 참 좋겠지만, 안타깝게도 생쥐나 지브라피시를 비롯한 대다수 척추동물은 몸이 불투명하고 빛이 들어갈 틈이 없어서 신경세포를 빛으로 조작하려면 머리뼈를 일부 여는 수술을 해야만 한다. 그래서 투명한 물고기인 다니오넬라가 각광받는 것이다.

다니오넬라는 몸길이도 12밀리미터 정도로 작은 편이어서, 자연히 신경세포의 개수도 훨씬 적다. 또 몸뚱이가 투명하다 보니 특별한 수술을 하지 않고도 빛으로 신경세포를 죄다 조작할 수 있다.

예쁜꼬마선충과 비교해보면 다니오넬라에 대한 기대감이 더 커진다. 예쁜꼬마선충은 신경세포가 불과 300여 개밖에 되지 않지만, 다니오넬라는 신경세포가 무려 60만 개나 된다. 그러니 예쁜꼬마선충에 비해 훨씬 더 복잡하고 다양한 행동 양식을 연구할 수 있을지 모른다. 또 다니오넬라를 연구하는 과정에서 신경세포에 대한 연구 기술이 발전하다 보면, 언젠다는 다른 동물의 머리뼈를 열지 않고도 신경세포를 조작할 수 있는 기법들이 개발될 수도 있다. 그렇게만 된다면 척추동물의 뇌에 대한 지식의 경계가 크게 확장될 것이다.

사람에 대해 연구하는 것이 이제는 예전보다 훨씬 쉬워졌지만, 사람의 노화와 신경계는 여전히 무지막지하게 어려운 문제들이다. 노화와 신경계 연구에 필요한 새로운 예쁜꼬마선충, 새로운 연습 문제가 필요한 셈이다.

예쁜꼬마선충이나 초파리보다는 훨씬 복잡하지만 생쥐나 사람보다는 훨씬 간단한 생물, 그러면서도 기존에 확립된 연구 방법론이나 실험 기법을 적용하기에 아주 적절한 그런 생물들. 인간의 생명현상을 더 자세하게 연구할 수 있는 새로운 모델생물들이, 인류가 사람과 생명에 대해 이해할 수 있는 깊이와 폭을 한층 더해줄 것이다.

아직 누구도 가보지 않은 저 너머에

물고기 말고도 신기한 생물은 넘쳐난다. 육지에 사는 생물 중 특히 설치류 중에는 재미있는 녀석들이 많다. 설치류에는 생쥐나 햄스터처럼 흔히 생각하는 온갖 종류의 쥐가 포함된다. 포유류 중에서 수도 가장 많아서, 알려진 것만 해도 1,500여 종이 넘는다. 꽤 자그마한 녀석들이 많다 보니 개체수도 많고, 외형이나 습성도 아주 다양하다.

뭐니 뭐니 해도 설치류의 대표 주자는 생쥐. 이름만 들으면 어쩐지 오소소 떨리지만, 막상 연구실에서 만나면 세상 귀엽고 짠

한 생물이다. 생쥐는 실험용으로 쓰인 역사가 아주 길어서 관련된 논문도 상당히 많고, 다양한 특징들이 알려져 있다. 특히 내 연구 주제인 '염색체의 진화'라는 관점에서도 매우 흥미로운 특징을 가지고 있다. 그건 바로 염색체의 진화가 정말 빠르게 일어난다는 것이다.

염색체는 생물의 유전 정보인 DNA가 똘똘 뭉쳐 만들어진 막대 모양의 구조물이다. 염색체의 개수는 생물의 종류에 따라 다르지만, 같은 생물 내에서는 대부분 같은 개수를 유지한다. 염색체는 대개 엄마와 아빠에게 1개씩 물려받아 쌍을 이루고 있다. 예컨대 사람은 23쌍, 개는 37쌍, 고양이는 19쌍, 초파리는 4쌍 등이다. 그렇다면 사람과 매우 닮은 침팬지나 오랑우탄 같은 유인원의 염색체는 몇 개일까? 신기하게도 이들의 염색체는 24쌍으로 사람보다 1쌍이 많다.

염색체의 진화는 다양한 형태로 일어날 수 있는데, 두 염색체가 합쳐져 한 개의 거대한 염색체로 바뀌는 일은 가장 극적인 사례다. 대표적인 예가 바로 사람이다. 사람은 아주 오래전에 염색체 두 개가 하나로 합쳐지는 염색체의 진화를 겪었다. 덕분에 사람은 가까운 유인원 친척들보다 염색체 개수가 1쌍이 적다. 이처럼 염색체의 결합이라는 진화 현상은 어마어마한 사건이다. 고작 염색체 하나가 더 있느냐 없느냐의 문제가 아니라, 사람의 조상이 침팬지나 오랑우탄의 조상과 갈라져 인간으로 나아간 중요한 계기였기 때문이다.

그런데 놀랍게도 생쥐에서는 이렇게 염색체가 합쳐지는 일이 자주 일어난다! 심지어 같은 동네에 사는 생쥐들 간에도 염색체 개수가 다른 경우가 있다. 태평양에 자리 잡은 작은 화산섬에 사는 생쥐들은 염색체 개수가 11쌍에서 20쌍까지 정말 다양하다. 연구실에서 키우는 생쥐들은 염색체가 모두 20쌍으로 일정한데, 이 화산섬에 사는 생쥐들은 염색체들이 저희들끼리 들러붙고 난리도 아니어서 급기야 11쌍까지 줄어들기도 한 것이다.

두 염색체의 결합으로 탄생한 새로운 염색체는 합쳐지는 과정에서 어떤 변화를 겪고, 또 어떤 달라진 특징을 갖게 될까? 이건 정말 내가 가진 기술들로 분석하기에 딱 좋은 연구 주제인데, 한 건당 수천만 원은 써야 하는 비싼 연구들이라 손도 못 대고 있다. 대신 예쁜꼬마선충에서 비슷한 방식으로 염색체를 결합시키고, 두 염색체가 합쳐질 때 어떤 일들이 벌어지는지를 아주 자세히 살펴보는 연구를 진행한 적은 있다. 이때 염색체 끝부분이 조금씩 깎여나간 다음에 두 염색체가 합쳐졌다는 걸 밝혀낼 수 있었다.

그러나 물론 그건 어디까지나 예쁜꼬마선충의 경우라서, 생쥐의 염색체 진화가 어떻게 이루어졌는지는 알 수 없다. 생쥐의 염색체도 예쁜꼬마선충처럼 끝부분이 깎이면서 서로 결합됐을 수도 있고, 아니면 생쥐는 완전히 새로운 형태로 염색체가 진화했을 수도 있다. 그 답을 찾기 위해서는 아주 많은 연구비, 그러니까 예쁜꼬마선충 연구비의 30배쯤 되는 연구비가 필요하다. 애초에 이만한 연구비를 받을 가능성도 없으니, 그 이야기는 곧 내가 생쥐 염색체를 연구할 가능성이 3만 배 정도는 낮아진다는 소리다.

독특한 설치류라고 하면 아프리카에 살고 있는 두더지쥐들을 빼놓을 수 없다. 이 중에 가장 유명한 녀석은 벌거숭이두더지쥐인데, 설치류계의 장수 동물로 유명하다. 연구실에서 키우는 생쥐는 보통 3년 정도 살 수 있는 반면에, 벌거숭이두더지쥐는 30년 가까이 살 수 있기 때문이다. 무려 열 배나 더 오래 사는 것이다. 우리 인간으로 비유하자면, 지구 저편의 어딘가에서는

700살이나 1,000살쯤까지 살 수 있는 특이한 유인원이 살고 있는 셈이다. 연구실의 생쥐들은 이 사실을 알고 있을까.

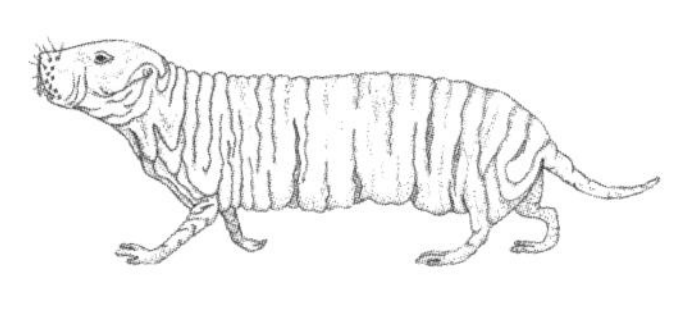

벌거숭이두더지쥐

게다가 벌거숭이두더지쥐를 포함한 아프리카 두더지쥐들은 몇 가지 매운맛과 같은 통각을 아예 못 느끼기도 한다. 어떤 두더지쥐는 고추의 매운맛을 못 느끼고, 어떤 두더지쥐는 겨자의 매운맛을 못 느끼고, 어떤 두더지쥐는 레몬의 시큼함을 못 느낀다. 이 두더지쥐들이 먹이로 삼는 아프리카 식물들은 살아남기 위해 매운맛, 더 매운맛, 더더 매운맛을 고안해내며 진화했고, 그와 더불어 두더지쥐들 역시 먹고살기 위해 다양한 매운맛을 못 느끼는 생물로 진화하게 된 것이다. 두 생물의 생존 경쟁에 경의를 표한다.

잠시 딴 얘기를 좀 하자면, 두더지쥐와 매운맛에 관한 논문은 대충 봐도 연구비로 몇 억은 족히 쓴 논문인데, 참 재미있게 읽었지만 읽고 나서 한없는 부러움에 서글퍼졌다. 사람도, 개도 아닌, 두더지쥐가 매운 걸 잘 먹나 못 먹나를 연구하는 데 이렇게 연구비를 펑펑 지원해주는 나라가 있다니….

아무튼 다른 두더지 이야기로 돌아가보자. 특이한 네발 동물은 아프리카에만 있는 것이 아니다. 스페인두더지를 비롯한 몇몇 두더지들은 '난정소'라는 독특한 장기를 갖고 있다. 사람이나 가까운 포유류들은 대부분 암컷은 난자를 생성하는 난소를, 수컷은 정자를 생성하는 정소를 지니게 마련이다. 그런데 몇몇 두더지 암컷들은 난소에 정소가 추가로 자라나는 난정소를 가지고 있다. 이름에서 짐작할 수 있듯이 난정소는 정소의 일부 기능을 해낼 수 있는 난소로, 난자를 만들어내지만 정소에서 만들어지는 온갖 성호르몬 합성도 가능하게 한다.

이들 두더지 암컷은 난정소를 가진 덕분에 생식의 측면 외에도 부가적인 이점이 하나 더 있을 거라고 추측된다. 바로 힘이 엄청 세다는 것! 스테로이드의 분비가 높아 약물 투여한 운동선수처럼 근육이 쉽게 붙는 효과를 갖게 된다. 사람이라면 스테로이드를 맞았을 때 약물 부작용 때문에 고생할 수도 있는데, 이 두더지들은 그럴 걱정 없이 살아간다고 한다. 어쩌면 이런 두더지를 연구하면 스테로이드 부작용 없는 신체를 만들어낼 수도 있지 않을까? 그러면 숨만 쉬어도 복근이 생기고 숟가락만 들어도 살이 쭉쭉 빠지는 초인이 될 수 있을지도 모르겠다.

이런 연구들이 바로 내가 하고 싶은 것들이다. 하지만 연구비가 만만찮은 주제들이라 한국에서는 참 보기가 어렵다. 논문 한 편에 몇 억은 써야 하는 일이니 "그럴 돈 있으면 암이나 연구해!" 소리 듣기 딱 좋지 않겠어?

하지만 인생도 그렇듯 해보기 전엔 결코 알 수 없는 것들이 있다. 특히 과학 연구에서는 더욱 그렇다. 설치류 연구들은 짧게 보면 다른 의생명 연구와는 결이 너무나 다르고 상업성이 훨씬 떨어져 보인다. 그렇지만 이처럼 비록 지금은 쓸모없다고 손가락질받는 것들이 어쩌면 지식의 한계를 부술 결정적인 연구가 될 수도 있다. 인류가 오랫동안 그토록 애타게 찾던 정답은 아마도 아직 누구도 가보지 않은 저 너머에 있을 것이기 때문이다.

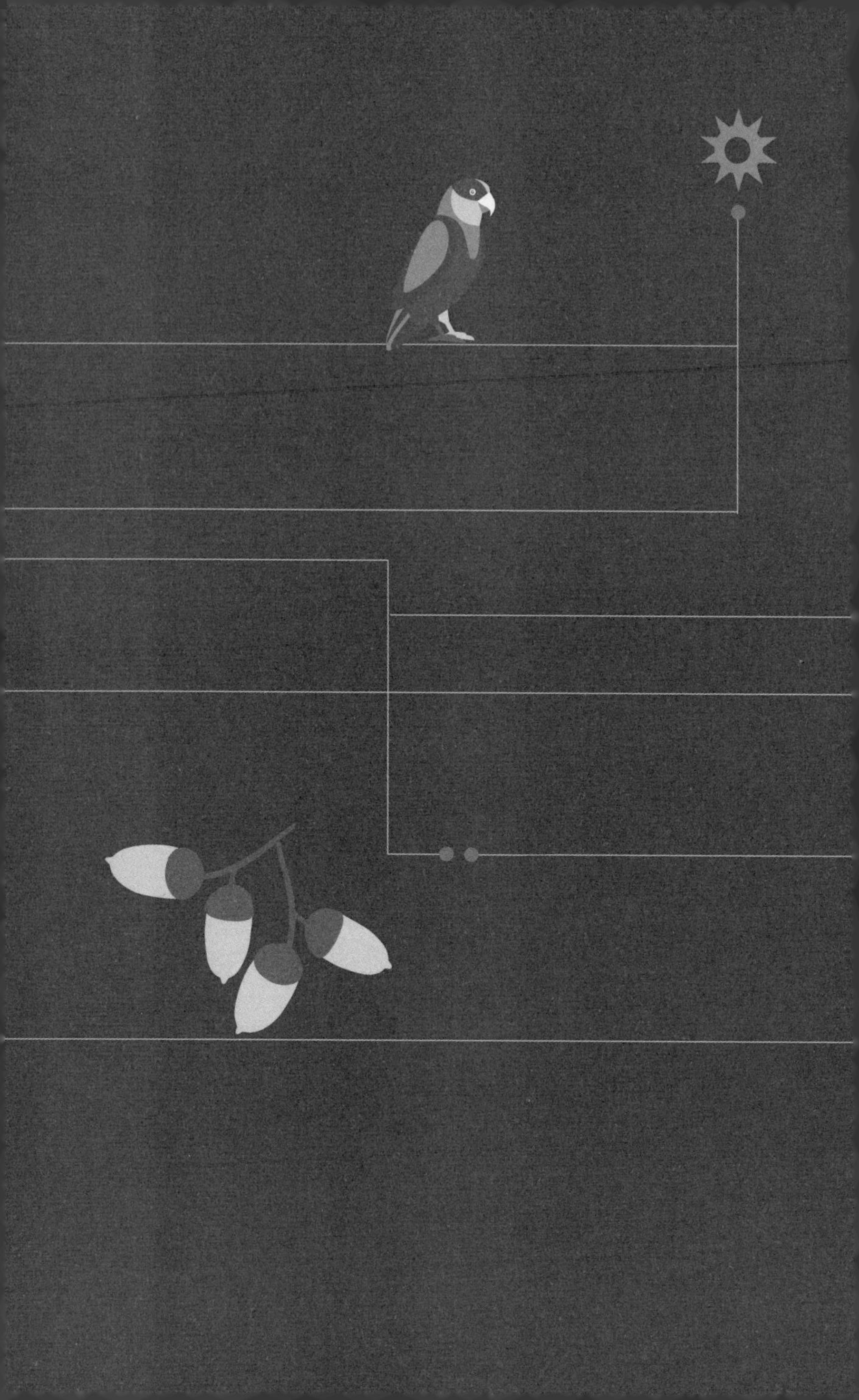

3

내겐 너무 사랑스러운 돌연변이

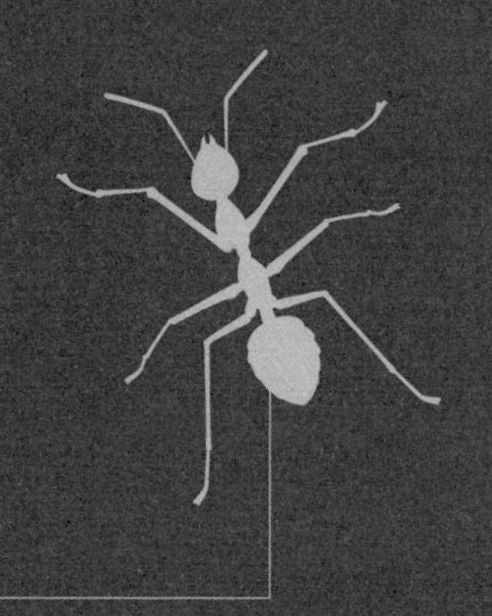

온갖 생명의 과학

생물학은 하루가 다르게 빠르게 발전하고 있다. 그중에서도 특히 유전체 연구 분야는 (아주아주 조금 과장해서) 그야말로 빛의 속도로 발전 중이다. 생물학 역사상 가장 큰 연구 사업이라고 떠들썩했던 인간 게놈 프로젝트가 완성된 지 불과 20년도 지나지 않았는데, 이제는 그런 복잡했던 연구도 웬만한 생물학 연구자라면 다 할 수 있는 쉬운 일이 되어버렸다. 즉, 20년 전에는 인간 유전체 지도를 만드는 데 무려 13년이라는 시간과 3조 원이라는 천문학적인 비용이 들어갔지만, 이제는 월요일에 실험을 시작해 금요일이면 인간 유전체 지도 초안을 얻을 수 있다. 그것도 박사과정 대학원생 한 명만 있으면 거뜬히 해낼 수 있는 수준으로 간단해졌다. 물론 비용도 수만 배 저렴해져서, 몇천만 원 정도면 충분하다. 이 모든 빛나는 성과는 다 20년 동안 각 분야의 연구자들이 어마어마한 연구비와 노동력, 그리고 인생을 갈아 넣은 덕분이다. 아, 기쁜데 슬픈 이 기분은 뭘까.

생물학의 발전으로 연구 속도며 비용이 빠르고 저렴해진 것도 고무적이지만, 뭐니 뭐니 해도 가장 흥미로운 지점은 과거에는 불가능했던 연구들이 이제는 가능해졌다는 것이다. 그 이야기는 곧, 비록 지금 단계에서는 불가능한 연구라 해도 머지않은 미래에는 가능하게 될 거라는 희망을 충분히 가져도 좋다는 말이기도 하다.

유전학 연구에서 가장 중요한 개념 중 하나는 돌연변이다. 돌연변이는 유전 정보인 DNA, 특히 유전자가 제 기능을 하지 못하게 망가진 경우를 가리킨다. 자연에서도 돌연변이는 계속해서 발생해서 유전 정보도 계속해서 바뀌고 있다. 나도, 그리고 지금 이 책을 읽고 있는 사람들도 모두 돌연변이 한두 개는 갖고 살고 있다. 다만 자연에서는 유전자 기능이 너무 크게 바뀌면 심각한 유전병이 생길 수 있어 살아남지 못하다 보니, 아주 자잘하게 기능을 바꾸는 돌연변이나 별 영향을 주지 않는 돌연변이들만 살아남는다. 이렇게 살아남은 돌연변이를 '자연 변이'라고 한다.

그러나 자연이 아닌 연구실에서는 유전자를 완전히 망가뜨린 생물도 잘 먹이고 보살펴서 어떻게든 살릴 수 있다. 그래서 돌연변이 유전자를 이용해 유전자가 어떤 기능을 하는지, 나아가 생물이 그런 유전자들을 통해서 어떻게 진화했는지도 알아낼 수 있는 것이다.

19세기 중반 완두콩의 자연 변이를 연구해 유전 법칙을 발견한 그레고어 멘델Gregor Johann Mendel에서부터 비슷한 시기에 사람들마다 키가 다르다는 점에 착안해 인간의 자연 변이를 조사한 유전학의 선구자 프랜시스 골턴Francis Galton(그 유명한 『종의 기원』을 쓴 찰스 다윈Charles Robert Darwin의 사촌 동생이기도 하다), 1900년대 초반 달맞이꽃을 연구하며 돌연변이 연구의 기초를 다진 휘호 더프리스Hugo de Vries, 1910년 초파리를 연구하며 돌연변이와 유전자의 관련성을 제시한 토머스 헌트 모건, 1950년대 DNA 이중나선 구조를 발견하며 돌연변이 유전자란 '정보가 바뀐 DNA'라는 실마리를 던져준 제임스 왓슨James Watson과 프랜시스 크릭Francis Crick까지. 진화론과 유전학의 역사는 돌연변이 및 자연 변이 연구와 맥을 같이했다고도 볼 수 있다.

흔히 돌연변이라고 하면 자연에서 매우 드물게 나타나는 희귀한 생물처럼 생각하거나, 영화 〈엑스맨〉 속에서나 등장할 법한 '방사능을 잘못 맞아 탄생한 괴이한 생명체'쯤을 떠올리기도 한다. 혹은 엄마들이 자주 하는 말 중 하나인 "으이구, 내 뱃속에서 어떻게 저런 게 나왔을까!"와 비슷한 의미로 쓰일 때도 있다. 그러나 과학에서 말하는 돌연변이는 우리가 사는 자연계에서 생각보다 자주 발생한다. 가장 가까운 사례로는 코로나19 바이러스 중 새롭게 태어나고 있는 변이 바이러스를 들 수 있다.

바이러스는 유전 정보를 똑바로 복제하지 않는데, 그러다 보니 돌연변이가 끊임없이 쌓인다. 이렇게 돌연변이가 계속 쌓이다 보면 어떤 변이 바이러스는 그냥 제 기능 못하게 될 수도 있지만, 어떤 변이 바이러스는 백신을 무력화시킬 수도 있다. 다행히 현재는 백신 개발 속도가 무척 빨라서, 지금까지 나온 백신들은 적어도 어느 정도는 알려진 변이 바이러스에 대처할 수 있다.

나처럼 운이 좋으면 백신 접종 예약에 성공할 수 있겠지? 새로운 변이 바이러스가 나올 수도 있겠지만, 그때 가면 새로운 백신을 맞으면 되는 것이다.

이런 돌연변이가 자주 발생하는 곳이 또 한 군데 있다. 바로 생물학 연구실이다.

생물학 연구실에는 온갖 돌연변이 생물들이 살아가고 있다. 생물은 저마다 자신과 같은 자손을 남기기 위해 유전 정보를 DNA 안에 담아서 보관해두는데, 이 DNA에 담긴 정보가 바뀐 게 돌연변이다. 책에 담긴 내용을 복제해서 똑같은 책을 만들 수 있는 것처럼, 생물도 DNA를 복제해서 자신과 비슷한 자손이 태어날 수 있도록 한다. 그런데 책이든 DNA든 복제하는 과정에서 그중 일부가 누락되거나 바뀌는 경우가 생길 수 있다. 이런 변이는 생물이 서로 달라지고 다양해질 수 있는 원천이자 생물이 진화할 수 있는 원동력이다.

자연이 수많은 자잘한 돌연변이들을 이용해 거대한 생물 실험을 한다면, 연구실에서는 수는 적지만 유전자를 통째로 망가뜨릴 만큼 중대한 돌연변이들을 이용해 작은 실험을 해낸다. 선충의 유전자들을 이리저리 망가뜨리고 보니까 몇몇 선충의 크기가 작아졌다면, 이 작아진 선충들만 비교해서 어떤 유전자가 망가졌는지를 살펴본다. 그리고 이 망가진 유전자들이 선충의 몸 크기에 영향을 주는 유전자들일 거라고 추론하는 것이다. 이런 돌연변이 연구 과정을 통해 유전자가 어떤 기능을 하는지 알아낼 수 있다.

100여 년 전까지만 하더라도 돌연변이를 만들어낼 방법이 없어서, 자연적으로 발생한 돌연변이를 가지고 유전을 연구하는 수밖에 없었다. 번식 중 아주 드물게 생겨나는 돌연변이가 나타날 때까지 기다려야 한다면 박사 졸업도 못 했을 것이다. 이런 고통에서 벗어나기 위해, 토머스 헌트 모건의 제자였던 허먼 멀러Hermann Muller는 엑스선을 쬐어 돌연변이 초파리를 인공적으로 만들어내는 방법을 고안해냈다. 그 뒤로 엑스선 외에도 다양한 돌연변이 유발 물질이나 유전체 편집 기법 등 유전자를 망가뜨릴 수 있는 온갖 기법이 등장한 덕분에, 전 세계의 생물학 연구실에서는 다양한 방법으로 다양한 생물의 유전자를 망가뜨리고 조작해보는 등 돌연변이를 이용한 유전자 연구를 하고 있다.

돌연변이 연구는 보통 유전자를 하나하나 망가뜨려보면서,

유전자가 망가졌을 때 크기가 작아지거나 행동이 뒤바뀌는 등의 변화가 일어나는지를 확인하는 방식으로 진행된다. 예를 들어 어떤 유전자가 망가졌을 때 키가 확 작아졌다면, "음! 이 유전자는 키에 영향을 주나 보구만!" 하고 결론을 내릴 수 있는 것이다. 그런데 이렇게 유전자를 하나하나 망가뜨려 돌연변이를 만들어낸 다음 그 돌연변이로 인해 나타나는 다양한 변화를 확인하는 작업은 상당히 고된 노동이다.

일단 예쁜꼬마선충의 경우에는 10만 마리 정도에게 돌연변이 유발 물질을 먹이는 것으로 시작한다. 돌연변이 유발 물질은 사람에게도 독극물이기 때문에, 먹인 후에는 씻어내는 과정을 거친다. 그리고 이들이 알을 낳기를 기다렸다가 며칠 후 알에서 깬 새끼가 성충이 되면, 이제 현미경을 들여다보며 5천 마리가량을 한 마리 한 마리씩 일일이 옮겨가며 돌연변이가 일어난 개체를 골라낸다. 눈은 선충들을 보느라 바쁘고, 손은 얘네들을 옮기느라 바쁘고, 입은 "하, 진짜 하기 싫다!" 중얼거리느라 바쁘다.

그래도 예쁜꼬마선충은 그나마 돌연변이 만들이가 쉬운 편이다. 얘네들은 알도 많이 낳고 3일이면 금세 어른벌레로 자라나니까 말이다. 생쥐처럼 성체로 키우는 데만 몇 달씩 걸리면 실험 시작부터 험난하다. 두 번 정도 반복해서 새끼를 받은 다음 다시 성체까지 키워야 하는 일이다 보니, 생쥐라면 첫 번째 돌연변이를 찾아내는 데에만 반 년 이상이 소요된다. 사람에게 실험할 수는 없지만, 만약 사람을 대상으로 한다고 치면 60년 정도는 걸릴 것이다.

이 모든 과정이 예쁜꼬마선충이라면 일주일이면 가능하다. 그러다 보니 돌연변이 연구에는 보통 유전자를 망가뜨리기도 쉽고 키우기도 쉬운 예쁜꼬마선충이나 초파리 같은 생물을 주로 이용해왔다.

사실 많은 사람들이 가장 궁금해하는 것은 다름 아닌 사람의 유전자이지만, 예쁜꼬마선충이나 생쥐에게 하는 것처럼 연구할 수는 없는 일이다. 그래서 사람 유전자의 기능에 대해서는 다른 생물의 돌연변이 연구 결과를 가지고 추정할 수밖에 없었다. 먼저 예쁜꼬마선충이나 초파리가 가진 특정 유전자의 기능을 밝혀낸 뒤, 해당 유전자가 사람에게도 똑같이 있는지 확인해서 "이 유전자가 사람 몸에서도 비슷한 역할을 할지 몰라요!"라는 식으로 썰을 푸는 것이다(앞에서도 언급했지만, 사람과 예쁜꼬마선충만 해도 70~80% 가까이 유전자가 비슷하기 때문이다).

그런데 2013년 이후 돌연변이를 만드는 기술이 엄청나게 발전해서 이전에는 불가능했던 연구들이 속속 가능해지고 있다. 대표적으로 사람, 정확히는 사람 세포의 기능 연구도 충분히 할 수 있게 되었다. '유전체 편집 기법'이라고 하는, 유전자를 정확하게 하나씩 망가뜨리거나 여러 개를 동시에 망가뜨리는 새로운 기법이 등장해서 유전자 조작이 정말 쉬워졌기 때문이다.

덕분에 이제는 사람 세포를 준비하고, 여기에 유전자 조작에 필요한 바이러스를 처리하고, 시간이 지난 뒤에 독특한 특징을 보이는 세포만 골라내면, "아하! 이 유전자들이 망가지면, 세포가 오래 못 사는구나?"와 같은 다양한 결과를 손쉽게 얻을 수 있게 됐다. 이 유전체 편집 기법을 연구한 에마뉘엘 샤르팡티에Emmanuelle Charpentier와 제니퍼 다우드나Jennifer A. Doudna는 2020년 노벨 화학상을 받았다.

또한 과거에는 상상도 하지 못했던 '인간 장기 유사체'와 같은 놀라운 연구 모형들도 등장했다. 당연한 이야기지만 사람을 직접 실험 대상으로 삼아 연구하는 건 정말정말 어려운 일이다.

사람의 뇌를 연구하자고 살아 있는 사람의 머리를 열어볼 수는 없는 거니까 말이다.

어디 사람만 그럴까. 실험을 위해서는 시료로 사용할 해당 생물을 상당수 가지고 있어야 하는데, 연구실에서 쉽게 키울 수 있는 생물은 정말 제한적이다. 길가에 피어난 작은 풀 하나도 연구하기가 결코 쉽지 않다(어지간한 식물들은 자라는 데 몇 년씩 걸리고, 연구실에서 잘 키우기도 쉽지 않기 때문이다). 독사나 기생충에 대한 연구도 할 수만 있다면 정말 흥미롭고 인류의 보건에 크게 기여할 것 같은데, 얘네들도 연구실에서 키우기가 쉽지 않으니 거의 불가능한 수준이었다. 20년 전까지만 해도 말이다.

그러나 최근에는 상황이 달라졌다. 사람을 비롯한 다양한 생물의 세포를 생물체의 몸 바깥인 연구실에서, 체내와 비슷하게 복잡한 구조를 갖춘 조직으로 키울 수 있는 기술이 개발된 것이다. 심지어 세포보다 훨씬 더 복잡한 조직이나 장기까지도 키울 수 있는 기술이 개발되고 있다.

이처럼 연구나 치료에 사용하기 위해 특정 신체 기관을 몸 바깥에서 유사하게 재현해낸 모형을 '장기 유사체organoid'라고 한다. 2009년 즈음 인간의 창자를 배양해내는 데 성공한 뒤로 대장과 간, 췌장, 그리고 뇌에 이르기까지 다양한 신체 장기 유사체들이 배양이 가능하게 되었으며, 최근까지만 해도 불가능했던 심장 유사체도 2021년에 개발되면서 중요한 인간 장기를 좀 더 편하게 연구하는 것이 가능해졌다. 안전이나 윤리, 실험 절차의 복잡성 등의 문제로 사람이나 다른 생물에게 하기 어려웠던 연구를 할 수 있는 도구가 탄생한 것이다. 물론 아직은 연구할 게 산더미처럼 쌓여 있지만 말이다.

"인공 자궁은 언제 개발되는 거야?"

"만들어진 뇌는 의식이 있을까?"

언젠가 친구들에게 창자와 뇌의 장기 유사체가 개발되고 있다는 이야기를 전했을 때, 친구들은 정말 다양한 반응을 보였다. 나는 '오! 이런 게 개발되면 나중에는 별별 생물 연구가 다 가능해지겠는데? 새로운 밥벌이가 될 수 있겠어!'라는 생각이나 하고 있었는데, 역시 주변에 똑똑한 친구들이 많다. 한 친구는 진정한 여성 해방을 위해서는 임신과 출산을 사람 몸에서 독립시켜야 한다며 인공 자궁을 개발하라고 조았고, 다른 친구는 뇌를 흉내 낸 장기 유사체가 언젠가는 사람처럼 생각할 수 있는 거냐고 물어왔다.

“인공 자궁이 있다면 진작에 난자는 냉동해두고 자궁은 떼어버렸을 텐데. 준아, 어서 연구해서 나에게 생리 없는 인생을 달란 말이야! 당장 연구 안 하고 뭐 하니!”

정말 이렇게 중요한 연구들이 많은데, 선충이나 진화 같은 쓸모없는 연구나 해서 미안할 따름이다. 뭐, 그 분야에서도 자기 인생을 탈탈 털어가며 연구하는 분들이 많으니, 여성 해방이 어쩌면 생각보다 빠르게 올 수 있지 않을까?

우리에겐 더 많은 돌연변이가 필요하다

나랑 내 동생은 둘 다 똑같이 우리 엄마 뱃속에서 나온 놈들이지만 참 다르게 생겼다.

"그게 다 네가 어릴 때 편식해서 그래."

우리 엄마는 맨날 이렇게 나를 혼내면서 환경에서 원인을 찾지만, 어떤 차이들은 나랑 내 동생이 지니고 있는 유전자의 형태가 다른 것에 어느 정도 영향을 받았을지 모른다.

사람이야 여러 유전적 요인들이 각각 얼마나 영향을 끼치는지 확인하는 게 쉽지가 않아서 이렇게 애매하고 모호하게 말할 수밖에 없는데, 예쁜꼬마선충이나 초파리 같은 벌레놈들은 얘기가 다르다. 평생 한 종류의 먹이만 주면서 거의 똑같은 환경에서 키우는 게 가능하기 때문에, 환경 요인을 상당 부분 배제하고 유전자에 생긴 차이만 가지고 그 영향을 확인할 수 있기 때문이다.

유전자 연구에 있어서 세상에서 가장 유명한 돌연변이는 '하얀 눈 초파리'다. 19세기 후반 미국의 유전학자 토머스 헌트 모건은 연구실에서 온갖 생물을 키우면서 다양한 생명현상을 연구하던 전통 생물 덕후였다. 초파리도 그중 하나였는데, 대충 키워도 쑥쑥 자라고 크기도 아주 쪼그마해서 공간도 많이 차지하지 않아 연구하기에 아주 제격인 생물이었다.

그렇게 초파리를 연구하던 와중에, 어느 날 모건은 충격적인 광경을 보게 된다. 그 전까지만 해도 모건 연구실의 초파리들은 모두 '붉은 눈'을 가지고 있었는데, 돌연 초파리 사육통 안에 눈이 새하얀 초파리가 태어난 것이다! 초파리는 우리 주변에서 가장 흔히 볼 수 있는 벌레 중 하나이기 때문에 생물학에 관심이 없는 사람도 초파리의 생김새 정도는 대강 알고 있을 것이다. 그렇다, 원래 초파리는 쪼그만 몸뚱이 치고는 상당히 크고 눈에 확

초파리

띄는 새빨간 눈을 갖고 있다. 그런데 돌연 사육통에서 탄생한 이 낯선 초파리는 눈이 완전히 새하얬던 것이다.

모건은 너무나도 궁금했다. 대체 이 초파리는 어쩌다가 눈 색깔이 탈색되듯 사라진 걸까? 내가 준 밥이 모자라서 양분 섭취가 부족했던 걸까? 어디 단단한 곳에 부딪혀서 상처를 입은 건 아닐까? 빛을 못 받아서 색깔을 띠지 못하게 된 걸까? 별별 생각을 다 하던 그는 하얀 눈 초파리와 붉은 눈 초파리를 교배시켜보기로 했다. 그리고 돌연변이인 하얀 눈 초파리와 붉은 눈 초파리의 교배 실험은 이후 유전학에 길이 남을 역사로 기록되게 된다. 당시만 해도 유전자가 무엇인지, 유전자가 세포 속 어디에 저장돼 있는지에 대해서는 추측만 난무할 뿐 명확한 증거가 없는 형편이었다. 모건은 이 하얀 눈 초파리를 통해, 유전자가 염색체에 존재한다는 걸 밝혀내게 된다.

그는 수컷 하얀 눈 초파리가 다른 데로 도망치지 못하도록 깨끗하게 세척한 투명한 유리병에 집어넣었다. 그리고 암컷 붉은 눈 초파리를 함께 집어넣어, 하얀 눈 초파리와 붉은 눈 초파리가 짝짓기할 수 있게 분위기를 만들어줬다. 그리고 얼마 뒤 첫 번째 자손 초파리들이 태어났다. 1,200마리가 넘는 자손 중 단 세 마리를 빼고는 모두 붉은 눈을 가지고 있었다. 1,200마리가 죄다 빨갛다니! '그냥 우연히 하얀 눈이 나왔던 걸까?' 생각할 수도 있지만 세 마리가 하얀 눈인 걸 보면 유전되는 건 확실했다.

이 하얀 눈 초파리가 태어난 것이 우연인지 아닌지 확인하려면, 이 첫 번째 자식들끼리 짝짓기시켜서 하얀 눈 초파리가 태어나는지 확인하면 되지 않을까? 그렇게 두 번째 짝짓기 실험이 시작됐고, 4,300여 마리의 손주들이 태어났다. 이제는 수백여 마리가 하얀 눈을 갖고 태어난다는 것을 확인할 수 있었다. 하얀 눈을 만들어내는 무언가는 분명 유전되는 것이었다! 그런데 뭔가 이상했다. 하얀 눈을 지니고 태어난 초파리는 모두 '수컷'이었던 것이다.

당시에는 멘델이 주창한 유전 법칙이 널리 알려진 때였다. 완두콩 껍질 질감처럼 눈에 띄는 특징들에 영향을 주는 유전자는 쌍으로 존재하고, 주름지거나 매끈한 것처럼 두 형태가 존재한다고 알려져 있었다. 초파리의 하얀 눈도 분명 이런 유전 법칙을 따라야 했다. 눈 색깔에 관여하는 유전 인자가 있고, 그 유전 인자는 빨간색과 하얀색 두 형태를 지니고 있을 거다. 첫 번째 자손들에게서 거의 대부분 빨간 눈만 나온 걸 보면, 빨간색과 하얀색 유전 인자가 만나면 죄다 빨간색으로 쏠리는 게 분명하다.

그러니까 첫 번째 자손들이 모두 빨간 눈이라고 해도, 이들은 빨간색 인자와 하얀색 인자를 각각 하나씩 쌍으로 갖고 있을 테고, 자식들에게 빨간색 혹은 하얀색을 하나씩 물려주게 될 것이다. 그렇다면 두 번째 자손들은 빨간색만 두 개를 받거나, 빨간색과 하얀색을 하나씩 받거나, 하얀색만 두 개를 받게 되겠지. 이 중 하얀색만 두 개 받은 초파리들은 하얀 눈을 가진 돌연변이 초파리로 태어나는 것이 분명했다.

그런데 어째서 하얀 눈을 가진 암컷 초파리는 단 한 마리도 관찰되지 않았던 걸까? 하얀색 유전 인자가 암컷에서는 뭔가 다른 영향을 끼쳐서, 하얀 눈 암컷은 아예 태어나지 못하도록 하는 걸까? 그런데 다른 실험을 해보니 하얀 눈을 지닌 암컷이 멀쩡히 태어난다는 걸 확인할 수 있었다. 암컷은 문제가 아니었던 것이다.

'전제가 틀린 건 아닐까?'

유전되는 인자가 한 쌍이 아니어야만 설명할 수 있는 현상이었던 것이다. 모건은 여러 실험을 통해 이런 현상이, 암컷에게는 한 쌍으로 존재하지만 수컷에게는 하나밖에 없는 유전 인자를 통해서만 설명된다는 것을 증명해냈다. 그리고 세포 안에 있는 수많은 물질 중에 이러한 설명에 꼭 들어맞는 것이 하나 있었다. 바로 염색체였다. 모건은 자신도 모르는 새, 유전되는 인자가 염색체에 존재한다는 강력한 실험 증거를 확보했던 것이다.

모건의 하얀 눈 초파리 연구 덕분에 그동안 막연한 가정으로만 이야기되던 '유전자'는 실체적 존재로 모습을 드러내게 되었고, 유전학자들은 유전자가 어떻게 한 세대에서 다음 세대로 전달되는지 알게 되었다. 이런 공로로 모건은 1933년 노벨 생리·의학상을 받게 되었다.

그렇다면 현대 유전학의 역사에 한 획을 그은 이 하얀 눈 초파리는 애초에 어떻게 탄생한 것일까? 이건 나중에서야 밝혀진 건데, 모건이 발견했던 하얀 눈 초파리는 특정한 유전자에 생긴 돌연변이 때문에 눈이 하얗게 바뀐 것이었다. '보이지도 않을 정도로 자그마한 유전자 하나가 망가졌다고 눈 색깔이 바뀌다니!' 싶겠지만, 눈의 색깔을 만드는 원리를 차근차근 되짚어보면 이해가 될 거다.

먼저 눈의 색깔을 만들기 위해서는 색소가 필요하다. 그러자면 색소를 만드는 데 필요한 재료들을 몸의 곳곳에서 눈으로 옮겨주는 통로가 필요한데, 이런 역할을 할 수 있는 게 바로 단백질이다. 그러니 통로 역할을 할 단백질을 만들어내야 색소가 눈으로 전달돼 색을 띨 수 있는 것이다. 그런데 문제의 초파리는 바로 이 '통로 역할을 할 단백질을 만드는 유전자'가 망가졌던 거다. 그래서 제 아무리 색소가 멀쩡히 만들어진다 한들 눈으로 전달되지 못해 눈이 색을 띠지 못하고 하얗게 남게 된 것이었다.

그런데 여기서 놀라운 사실이 하나 더 있다. 하얀 눈 초파리라는 돌연변이를 만들어낸 유전자와 동일한 통로 유전자를 사람도 가지고 있다는 것이다(사람과 초파리는 60퍼센트 정도 동일한 유전자를 가지고 있기 때문이다). 유전자는 아주 비슷한데, 사람의 몸에 있는 이 유전자는 초파리에서와는 다르게 지방과 같은 재료를 옮기는 통로를 만들어내는 역할을 한다. 똑같은 유전자가 초파리의 몸에서는 색소를 옮기는 역할을 하고, 사람의 몸에서는 지방을 옮기는 역할을 하는 것이다. 똑같은 유전자인데 어떻게 누구의 몸인지에 따라 다른 역할을 하는 걸까? 요런 걸 풀어내는 것도, 사람과 초파리가 다른 경로를 통해 진화할 수 있었던 이유를 알아내는 중요한 연구 주제가 된다.

우리는 흔히 드물고 이상한 것을 가리켜 돌연변이라고 부르지만, 사실 누구나 몸속에 돌연변이를 조금씩은 가지고 태어난다. 대부분은 돌연변이가 있다 해도 별 영향을 주지 않기 때문에 모르고 있는 것뿐이다. 물론 어떤 돌연변이는 심각한 유전병의 원인이 되기도 한다. 그러나 드넓은 자연의 시각에서 바라보면 바로 이 돌연변이들이 가져다주는 다양성 덕분에 생물은 새로운 환경에 적응하고 진화하며 번성할 수 있다.

이러한 차이와 다름이야말로 인류가 기나긴 세월 동안 생존할 수 있었던 원동력이다. 다른 나무보다 더 많은 열매가 열리는 나무, 다른 것보다 더 맛있는 열매가 등장했기 때문에 인류는 질 좋은 식량을 충분히 확보할 수 있었고, 다른 맹수에 비해 훨씬 온순한 늑대가 생겨나면서 인류는 영원한 친구 개를 반려동물로 길들일 수 있었다.

그러나 최근 들어 다양성은 위기를 맞이하고 있다. 급격한 환경 변화가 몇몇 종의 생존마저 위협하고 있는 것이다. 꿀벌은 바이러스에, 바나나는 곰팡이에, 소나무는 선충에 감염돼 스러지고 있다. 어디 그뿐인가. 인류는 세계를 대혼란으로 몰아넣은 코로나19 바이러스 때문에 고통받고 있다.

그러나 모두 고통받는 것은 아니다. 적은 수지만 일부는 별 영향 없이 살아가기도 한다. 그러니 낙담하기는 이르다. 아직까지 명확하게 밝혀내지는 못했지만, 이러한 다양성의 근원을 알아낼 수 있다면, 끊임없이 빠르게 바뀌어가는 변화에 좀 더 수월하게 대응할 수 있을지도 모른다. 다양성이야말로 환경 변화에 적응하고 살아남는 원동력이기 때문이다.

미처 우리가 눈여겨보지 않았던, 그럴 기회조차 없었던 수많은 다양성 속에 그 비밀이 숨겨져 있다.

어떤 '오타'는 세상을 바꿀 수 있다

세상에 널린 하고 많은 동물들 중에 왜 예쁜꼬마선충을 연구한 거냐고 묻는다면, 돌연변이가 그 답이었다고 말할 수 있다. 예쁜꼬마선충은 정말 모든 조건이 돌연변이 만들기에 최적화되어 있어서, 가끔은 '얘네들은 유전자를 뜯어고치면서 가지고 놀려고 누군가가 만들어낸 생물이 아닐까?' 하고 의심이 들 정도다. 세상에서 가장 유명한 돌연변이를 꼽자면 역시 하얀 눈 초파리가 일등이겠지만, 사실 예쁜꼬마선충도 둘째가라면 서러워할 정도로 초파리에 못지않게 이상하고 다양한 돌연변이들을 기록

하고 있다.

최초의 돌연변이 선충은 1950년에 니곤과 도허티가 브릭시 *Caenorhabditis briggsae*(예쁜꼬마선충의 친척뻘 되는 선충의 한 종류)라는 선충에서 발견한 '짤뚱한 선충'이다. 이 돌연변이 선충들은 다른 선충들에 비해 눈에 확 띌 정도로 몸뚱이가 짤막했는데, 짤막한 애들끼리 교배를 시켜보니 그 뒤로도 짤막한 새끼들이 잔뜩 태어난다는 것이 확인되었다. 단순히 어느 한두 마리가 우연히 작았던 것이 아니라, 크기와 관련된 유전자에 돌연변이가 생겨서 자손에게 전해져 내려간다는 것이 확인된 거다.

화학에서 물질을 구성하는 가장 작은 단위를 '원자'라고 하듯이, 생물학에서는 생물을 구성하는 가장 작은 단위를 '세포'라고 한다. 생물이 성장하거나 자손을 만들기 위해서는 세포의 수를 늘려야 하는데, 이때 세포는 스스로를 반으로 나누어 그 수를 두 배로 늘리는 전략을 택한다. 이를 '세포분열'이라고 한다. 각각의 세포 안에는 유전 정보가 담긴 DNA가 있으니, 세포가 둘로 늘어나는 과정에서 DNA도 함께 둘로 늘어나야 한다. 정말 중요한 일이지만, 이 과정이 완벽하게 진행되는 것은 아니어서 복제와 분열이 거듭될수록 오류가 쌓인다.

DNA는 생물의 유전 정보가 빼곡하게 담긴 책과 같다. 예를 들어 우리가 엄청나게 두꺼운 책을 똑같이 베껴 써서 복사본을 만든다고 생각해보자. 대부분은 정확하게 베껴 쓴다고 해도 군데군데 문장이나 단어가 빠질 수도 있고 오타가 약간씩 생길 수 있다. DNA도 마찬가지로 계속해서 유전 정보를 복제하는 과정에서 부분부분 오타가 생긴다. 이렇게 축적된 오타 중 상당수는 생물이 자라는 데에 별 영향을 끼치지 않지만, 일부 오타는 매우 중대한 영향을 끼쳐 돌연변이 생물이 되도록 만들 수 있다. '엇떤 오타는 뜻을 크게 바꾸지 않치만', 어떤 '코타'는 뜻을 아예 바꿀 수 있는 것처럼 말이다.

시드니 브레너는 예쁜꼬마선충을 연구하기 훨씬 이전부터 세균과 같은 생물의 돌연변이에 대해 연구하고 있었다. 그래서 그는 예쁜꼬마선충을 접하고 나서는 자신이 해왔던 익숙한 방식으로 예쁜꼬마선충에 대해서도 온갖 돌연변이를 만들기 시작했다. 몸이 짧아지거나 길어진 돌연변이도 물론 신기했지만, 그 중에서도 브레너가 가장 큰 관심을 보였던 돌연변이는 '행동이 바뀌는 돌연변이'였다. 유전자가 단순히 생김새나 몸집 같은 육체적인 특성을 결정짓는 것에서 그치는 것이 아니라, 행동하는 방식에 있어서도 영향을 끼치는지를 알아볼 수 있는 아주 중요한 기회라고 생각했기 때문이다.

브레너는 돌연변이를 일으키는 유도물질을 예쁜꼬마선충에게 처리해서 엄청난 수의 돌연변이 예쁜꼬마선충을 확보했다. 그중 300마리의 돌연변이를 연구해보니, 이 중 77마리는 행동을 바꾸는 돌연변이라는 것을 확인할 수 있었다. 일반적인 예쁜꼬마선충은 S자를 그리며 유려하게 기어 다녔지만, 어떤 돌연변이들은 제자리를 빙글빙글 돌기만 할 뿐 앞으로 나아가지 못했고, 또 어떤 돌연변이들은 기어 다닐 때의 몸짓이 부드럽게 이어지지 않고 뚝뚝 끊기는 모습을 보였다. 도허티에게 예쁜꼬마선충을 보내달라고 첫 편지를 쓴 지 10년여 만에 얻어낸 엄청난 연구 성과였다.

브레너가 만들어낸 이 기념비적인 돌연변이들은 지금도 미국의 예쁜꼬마선충 유전학 센터Caenorhabditis Genetics Center 냉동실에 보관되어 있다. 뿐만 아니라 브레너의 제자들과 또 그들의 제자들이 만들어낸 온갖 돌연변이들까지 이곳의 냉동실에 보관되어 있는데, 전 세계의 누구라도 원한다면 이 돌연변이 선충들을 주문할 수 있다. 물론 택배비와 더불어 하나에 10달러 정도의 비용은 지불해야 한다. 10달러면 우리 돈으로 1만 원 조금 넘는 돈이니까, 사실상 주문을 처리하고 포장해 발송해주는 정도의 돈이지 돌연변이 선충은 거의 그냥 '나눔' 하는 수준이다.

이처럼 연구 분야가 완전히 겹치지만 않는다면 누구나 함께 예쁜꼬마선충을 연구할 수 있도록 하는 학계의 훈훈한 풍토 덕분에, 그리고 미국 등지에서 세금으로 이런 유전학 센터를 운영하는 덕분에 오늘날과 같이 예쁜꼬마선충 연구가 널리 확산될 수 있었다.

참, 브레너 영감님 하니까 생각나는 에피소드가 있다. 내가 대학원생 노예이던 시절, 다른 대학원생 친구에게 브레너가 예쁜꼬마선충을 연구하기 시작한 지 10년여 만에 중요한 돌연변이를 발견했다는 이야기를 한 적이 있다. 나는 '중요한 돌연변이' 부분에 방점을 찍고 이야기를 했는데, 친구는 '10년 만의 발견'이라는 부분에서 충격을 받은 모양이었다.

"10년이라니! 브레너 영감님이 연구하던 시절은 아주 여유가 차고도 넘쳤나 봅니다. 지금 우리 상황으로 따져보면 박사과정 마치고 서른쯤부터 연구를 시작했다고 쳐도, 마흔 살이 넘어서야 논문을 냈다는 거 아닙니까. 브레너 영감님이 한국에서 연구했더라면 10년 내내 실적 없다고 엄청나게 쪼이다가, 10년까지 가지도 못하고 박사급 백수 됐을 텐데…."

이야기가 다른 곳으로 튀었지만, 그럴 만도 했다. 실제로 요즘 실적 압박이 어마어마해지긴 했다. 우리보다 조금 위 세대 선배들마저도 "요즘 젊은 박사과정들은 정말 살기 힘들겠어"라며 우는 소리를 대신해주는 걸 보면, 아무래도 노예 수급 자체에 차질이 생긴 게 아닐까 싶기도 하다. 비록 연구실 노예로 몇 년을 버텨야 한다고 해도, 박사과정을 마치면 사람답게 살 수 있다는 희망이 보여야 대학원생이 계속 들어올 테고, 그래야 연구실도 굴러갈 텐데. 이제는 5년이나 10년짜리 장기 연구를 했다간 쪽박 차기 십상이고 여유따윈 없다 보니 일할 사람도 점점 줄어들고 있다.

물론 아무리 그래도 노벨상 수상자는 노벨상 수상자다. 젊은 시절의 브레너 영감님을 지금 우리 연구실에 던져놓는다 해도 그는 대단한 무언가를 해냈을 사람인 것은 분명해서 통명스럽게 대꾸했다.

"일찍 못 태어난 게 죄지요. 요즘 같은 세상에 돈 되는 일은 안 하고 과학 연구를 하겠다고 대학원에 들어왔으니 죗값 치르는 겁니다. 그래도 브레너 영감님은 그렇게 새로운 생물 연구하는 고생을 하면서도 《네이처》 같은 고오급 학술지에 논문까지 낸 괴물입니다. 우리 같은 천민들이 감히 비벼볼 생각조차 하면 안 되는 존재라고요. 입 다물고 실험이나 하십시다."

그는 다들 팔자 좋게 연구만 하다가 학계가 이 모양 이 꼴이 된 거라고 툴툴거리고는 한밤중에 연구실로 실험하러 들어갔다. 나도 별수 있나? 툴툴거리고 싶은 입 꾹 다물고 계속해서 일할밖에. 공장에선 미싱이 돌고 돌았다면, 대학원에선 CPU가 돌고 돌아야 하는 법이다.

지구상에 5해 마리가 살고 있다

선충 연구로 밥 벌어먹고 사는 사람인데 선충 자랑을 안 할 수가 있나. 이쯤에서 내 사랑 선충의 이모저모를 한번 소개해보려고 한다. 다만 문자를 이미지로 연상하는 능력이 출중한 분들, 혹은 너무 귀여운 생물체를 보면 깜짝 놀라는 심약한 분들은 이 장을 패스하고 다음 장부터 다시 읽으시기를 권한다. 흠흠, 그럼 이제 시작!

선충, 귀여운 이놈시키들은 장소를 가리지 않고 아무 데서나 잘 살고, 종류도 매우 다양한 게 특징이다. 예쁜꼬마선충은 보통

1밀리미터 남짓한 크기이지만, 어떤 선충은 몸 길이가 무려 1미터에 이를 정도로 길쭉해서 돌돌 말면 컵라면처럼 보일 정도다. 머리 쪽엔 눈이나 코는 없고 주둥이만 있는데, 주둥이 모양도 뭉뚝한 녀석부터 국화꽃처럼 화려하게 피어난 녀석들까지 아주 다채롭다.

그리고 놀라운 것은 눈이 없어도 빛을 감지할 수 있고, 코가 없어도 냄새를 맡을 수 있다는 거다. 예쁜꼬마선충은 고작해야 300여 개의 신경세포만을 가지고 있는데, 이 신경세포를 최대로 활용해서 빛도 느끼고 냄새도 맡고 천적을 감지해서 도망치는 등 알뜰하게 기능을 나눠 쓴다. 대단한 능력자들이다.

실처럼 길쭉하다고 해서 '선충'이라 불리지만, 길쭉하고 꿈틀거린다고 다 선충은 아니다. 가장 대표적인 길쭉한 동물인 지렁이는 몸뚱이에 올록볼록한 마디가 있지만, 선충은 마디가 없이 매끈하다는 게 가장 큰 차이점이다. 그래서 지렁이처럼 고리 모양의 마디(체절)가 있는 동물을 '환형동물環形動物'이라고 하며, 매끈하고 길쭉한 몸을 가진 선충과 같은 동물은 '선형동물線形動物'이라고 한다. 지렁이와 같은 환형동물인 거머리와 비교해보아도, 선충은 훨씬 단순하고 덜 무섭게 생긴 것을 알 수 있다. 이 단순함이야말로 지구상에 온갖 선충이 들끓을 수 있는 힘이다.

선충은 거의 세균에 버금갈 정도로 못 사는 장소가 없이 온갖 곳에 다 산다. 산소 하나 없는 바닷속 뜨끈한 열수구(화산 활동 지역 근처에서 지각의 갈라진 틈새로 지구 내부 열에 의해 가열된 물이 분출되는 곳) 옆에서도 살고, 차디찬 극지방에서도 살며, 독극물인 비소가 가득 찬 호수에서도 살아갈 수 있다. 또 어떤 선충들은 다른 생물의 몸속에서 살아가기도 하는데, 흔히 생각하는 기생충이 바로 그것이다. 그러니까 당신 몸속에도! (실제로는 한국에서는 기생 선충이 거의 발견되지 않으니, 큰 걱정은 안 해도 된다.)

지금까지 연구된 바에 따르면, 선충은 어림잡아 5해 마리가 지구에 살고 있다고 한다. 전 세계 인구수가 대충 70억이라고 치면, '5해'는 70억에 70억을 곱하고도 열 배는 더 큰 어마어마한 수다. 흔히들 곤충이 가장 종류가 다양한 생물이라고 하지만 선충도 그에 못지않다. 곤충과 달리 현미경 없이는 보기가 힘든 생물이다 보니 연구가 덜 돼서 적어 보이는 것뿐이다.

선충의 다양성은 생김새에서만 드러나지는 않는다. 일단 성별이 참 다양하다. 어떤 선충은 암컷과 수컷으로 이루어져 있지만, 예쁜꼬마선충 같은 일부 선충들은 암수한몸과 수컷으로 이루어져 있다. 암수한몸은 암컷이랑 생긴 건 똑같은데 정자를 생산해낼 수 있어서 자기 혼자서도 번식할 수 있다. 그래서 그런지 예쁜꼬마선충 암수한몸은 뱃속에 자기 정자가 있으면 수컷과 짝짓기하는 걸 싫어한다는 연구도 있다.

또 어떤 선충은 암컷과 수컷, 혹은 암수한몸과 수컷이 아니라, '암컷, 암수한몸, 수컷' 세 가지 성별로 이루어져 있다. 이 경우 수컷으로 태어난 선충들은 수컷으로만 자라지만, 수컷이 아닌 선충은 일단 태어난 뒤에 환경이 어떤지 보고 나서 성별을 결정한다. 환경이 살기 좋다 싶으면 다른 수컷을 만날 가능성이 높다고 생각해서인지 암컷으로 자라나고, 환경이 안 좋다 싶으면 혼자 버티고 사는 게 나아서 그런지 암수한몸으로 자라나 자기 혼자 알 낳고 산다. 인간에게는 없는 정말 놀라운 능력이다.

기생 선충도 정말 놀라운 다양성을 보여준다. 내가 키우는 선충들은 세균 밥만 제때 주면 페트리 접시petri dish (미생물 등을 배양할 때 쓰는 둥글넓적한 작은 접시) 안에서도 잘 살아가는데, 어떤 선충들은 반드시 숙주의 몸에 기생을 해야 살아갈 수 있다.

덕분에 사람이나 가축의 기생충을 제거하려는 목적으로 선충을 연구하기도 하고, 기생이라는 생명현상이 어떻게 진화했는지 살펴보려고 연구하기도 한다.

이처럼 선충이 갖가지 환경에 적응하며 다양한 특징들을 가질 수 있었던 이유는 실처럼 단순하게 생긴 몸뚱이 때문이 아닐까 하고 추정하고 있다. 길쭉한 몸뚱이라는 단순한 형태로부터 이런 복잡성이 나왔다는 게 참 신기하지만, 어떻게 보면 '몸뚱이만 길쭉하면 된다'라는 아주 기본적인 제한을 줌으로써 오히려 엄청나게 창의적인 특징들을 탄생시킬 수 있었다고도 볼 수 있다. 어린아이들이 놀이를 하는 것을 봐도 찰흙처럼 제한이 거의 없는 놀잇감보다는, 레고 블록처럼 모양이 정해져 있고 '끼워서 맞춘다'라는 제한이 있는 놀잇감을 더 쉽게 가지고 노는 것처럼 말이다.

선충도 마찬가지로 단순한 구조의 몸만 만들어낼 수 있다면 얼마든지 번식이 가능하니, 주변의 어떤 변화든 견뎌낼 수 있던 것일지도 모른다. 그 덕분에 별별 환경에 적응하는 별별 선충들이 탄생하게 되었고, 우리 눈에 보이지는 않지만 지구 곳곳에 선충이 살아가며 다양한 미생물을 먹어치우고 있다. 선충이 세균과 곰팡이를 뜯어 먹지 않는다면, 숲속에서는 수많은 세균과 곰팡이들이 쉴 새 없이 자라나 생태계가 파괴될지도 모를 일이다.

한편 지구에서 선충이 살기 시작한 것은 약 10억 년 전쯤으로 추정된다. 선충은 화석이 거의 발견되지 않는데, 그래도 가장 오래된 선충 화석은 약 4억 년 전에 형성된 것으로 알려져 있다. 워낙 몸이 가늘고 쪼그맣다 보니 화석이 생기기 어렵고, 화석이 있다 해도 보이지 않아 찾기가 어려운 탓이다.

그런데 최근에 살아 있는 화석을 발견했다고 해도 좋을 정도로 정말 놀라운 일이 일어났다. 무려 4만여 년 전에 살았던 선충이 2018년에 오랜 잠에서 깨어나 멀쩡히 살아 움직인 것이다! 극지인 시베리아에는 '영구동토永久凍土'라고 하는 항상 얼어붙어 있는 땅이 있는데, 러시아의 생물학자들이 이곳의 토양 샘플을 연구하는 과정에서 선충을 발견했다. 물론 선충은 꽁꽁 얼어 있는 상태로, 4만 2천 년 전에 자연 냉동된 것으로 밝혀졌다. 생물학자들은 혹시나 하고 이 선충을 페트리 접시에 올려놓고 따뜻하게 해준 뒤 기다렸다. 그리고 몇 주가 지나자 놀랍게도 선충이 조금씩 움직이더니 심지어 먹이로 대장균까지 먹을 정도로 살아났다고 한다.

선충은 연구실에서도 냉동 보관했다가 녹여서 쓰는 게 가능할 정도로 생명력이 강한 생물이다 보니 결국 이러한 기가 막힌 일화까지 만들어내고야 말았다. SF 영화를 보면 종종 인간을 냉동시켜서 우주나 미래로 보내곤 하는데, 현재의 기술로는 인간은 무리지만 선충 정도는 얼마든지 냉동시켜 우주로 보낼 수 있는 것이다. 4만 년 전의 세상에서 21세기 현재로 날아온 이 냉동 선충을 연구하면 극저온 냉동 상태를 이용한 의학이나 생물학, 우주생물학 같은 분야에서 더 흥미로운 발견을 이뤄낼 수도 있을 것이다.

물론 여기에는 무시무시한 자연의 경고도 포함되어 있다. 4만 년 전의 냉동 선충이 깨어났다는 것은 마찬가지로 오래된 세균과 바이러스, 곰팡이 등도 깨어날 수 있다는 가능성을 보여준다. 코로나19만으로도 전 세계가 큰 혼란을 겪었는데, 우리가 아직 겪어보지 않은 더 많은 바이러스의 등장은 생각만 해도 치명적이다.

기후 위기가 심각해지며 오래된 빙하가 녹고 있다는 것은 참 걱정스러운 일이지만, 한편으로는 수만 년 전에 얼어붙었던 선충들이 하나둘씩 되살아날 수도 있다는 사실에 좀 설레기도 한다. 연구비만 생겨라! 그러면 극지연구소에 연락해서 선충들 잡으러 가야지!

망가진 염색체도 노력을 한다

다양한 생물 이야기라면 곤충이 빠질 수 없다. 곤충은 지구상에 그 수가 가장 많다고 알려져 있을 정도로 다양하고 복잡하며 아름다운 생물들이다. 풀숲을 뒤적였는데 튀어나오는 동물이 있다면, 열에 아홉은 곤충이라고 봐도 좋을 정도다. 그러니 얼마나 신기한 특징들을 많이 지니고 있을까?

그렇지만 곤충의 일반적인 특징이야 많이들 알고 있을 테니 여기서는 좀 다른 이야기를 해보겠다. 곤충의 염색체, 그중에서도 '염색체 끝부분'에 대한 이야기다. 왜냐하면 곤충의 염색체는 사람이나 예쁜꼬마선충과는 비교도 안 되게 희한한 특성을 가지고 있기 때문이다.

세균의 염색체는 동그랗지만, 동물이나 식물처럼 복잡한 생물들은 대부분 원이 끊어져 길게 늘어진 실 모양의 염색체를 갖고 있다. 하얀 눈 초파리를 발견한 토머스 헌트 모건과 제자들의 대단한 업적이 또 하나 있는데, 그건 바로 유전자가 마치 줄줄이 매달린 구슬처럼 염색체에 일자로 주르륵 나열돼 있다는 것을 증명했다는 거다. 그리고 이를 바탕으로 유전자의 위치 관계를 나타내는 '염색체 지도'를 작성하는 획기적인 발견을 했다. 그래서 오늘날 유전자 사이의 거리를 잴 때 '센티모건(cM)'이라는 단위를 쓰며 모건의 업적을 기리고 있다.

이처럼 염색체 위에는 생물의 유전 정보인 DNA가 일렬로 줄줄이 늘어서 있는데, 그중에서도 특히 염색체의 끝부분에 있어서 곤충은 다른 생물과는 다른 아주 독특한 특성을 보인다.

예를 들어 사람처럼 복잡한 생물은 물론이거니와 선충처럼 단순한 생물도 염색체 끝부분은 거의 비슷한 형태로 마감되어 있다. 아주 쉬운 비유로 설명해보자면, 사람이나 선충의 염색체

끝부분은

김준똥덩어리김준똥덩어리김준똥덩어리김준똥덩어리김준똥덩어리김준똥덩어리김준똥덩어리김준똥덩어리…

요런 식으로 반복된 문자로 끝나는 형태다. 사람과 선충의 염색체 끝부분에 다른 점이 있다면 '김준똥덩어리'가 반복되느냐 '김준땅덩어리'가 반복되느냐 정도의 차이일 뿐이다. 즉, 별 차이 없다는 거다. 그런데 몇몇 곤충들은 염색체 끝부분이 전혀 다른 형태들로 진화했다.

노린재나 나비 같은 곤충의 염색체 끝부분은 '김준똥덩어리' 같은 여섯 자짜리 짧은 단어가 반복되는 것 말고도, 중간에 8천 자쯤 되는 엄청 긴 글이 툭 박혀 있는 형태를 띠고 있다. 노린재와 나비는 생긴 것도, 사는 곳도 참 다른데 염색체 끝부분의 형태는 둘 다 이런 식이다. 그런데 곤충들 염색체가 죄다 이런 식으로 중간에 긴 글이 박혀 있는 형태라면 이렇게 신기해하지도 않겠지.

벌은 유전자가 얼마나 비슷한지를 잣대로 삼아서 따져보면,

노린재와 나비 사이에 끼어 있는 곤충이다. 그러니 벌도 노린재나 나비와 염색체 끝부분이 비슷한 형태여야 할 것 같은데, 얘네들은 또 '김준덩어리' 같은 더 짧은 단어가 반복되는 형태를 갖고

벌

있다. 긴 글따윈 없는 것이다. 어디 그뿐인가. 모기나 파리 같은 곤충은 더 개판이다. 얘네는 다섯 자든 여섯 자든, 짧은 글자가 반복되는 구조를 완전히 잃어버리고 말았다. 그 대신 짧은 글과 긴 글이 마구잡이로 뒤섞여 있는 정말 복잡한 염색체 끝부분을 지니고 있다.

이런 것들을 보면 나 같은 생물 덕후는 요런 염색체 끝부분들이 대체 어떻게 진화하게 된 것인지 궁금해서 견딜 수가 없다. 예컨대 노린재나 나비의 염색체 끝부분에는 어떻게 8천 자짜리 긴 글이 끼어들게 된 걸까? 또 유전자 유사도로 따지면 노린재나 나비와 염색체 끝부분이 비슷해야 마땅한 벌은 어쩌다가 이 긴 글을 잃어버린 걸까? 모기나 파리는 또 어쩌다 짧은 반복 글자를 전부 잃어버리게 되었을까? 이렇게 염색체 끝부분이 마구잡이로 뒤섞이게 되면서 나타난 장단점은 없을까? 염색체 끝부

분이 진화하며 염색체가 더 튼튼해지거나 더 망가지기 쉬워진 것은 아닐까? 궁금한 게 한둘이 아니다.

"저랑 곤충 염색체 끝부분 한번 조사해보실래요?"

결국엔 곤충 전문가를 한 명 꼬드겼고, 현재는 몇몇 곤충들의 염색체 끝부분이 어떻게 바뀌고 있는지도 취미 삼아 공부해 보고 있다.

사실 곤충뿐만 아니라 다양한 생물의 염색체 끝부분에 대한 관심은 예전부터 많았다. 내가 박사과정 중에 제일 첫 번째로 완성한 논문이 바로 하와이 예쁜꼬마선충과 영국 예쁜꼬마선충의 염색체 끝부분을 비교한 연구였다.

예쁜꼬마선충은 전 세계 다양한 지역에서 서식하고 있지만, 대부분의 예쁜꼬마선충 연구실에서는 영국 브리스톨 지역 출신의 벌레를 이용해 연구한다. 그런데 사람도 출신 지역에 따라 피부색이며 체격 등이 다른 것처럼, 예쁜꼬마선충도 출신 지역이 어디냐에 따라 염색체 구조가 다르다. 나는 연구실에서 함께 근무하던 '불쌍킴'이라는 박사와 함께 영국 출신과 하와이 출신 예쁜꼬마선충의 염색체 끝부분을 비교하는 연구를 시작했다(여느 생명과 박사나 마찬가지로, 졸업하고도 취직 못 하는 게 늘 불쌍해 보여서 불쌍킴이 됐다).

예쁜꼬마선충의 염색체 구조를 쉽게 비유하자면, 총 1억 개의 문자가 6개의 염색체에 나뉘어 담겨 있는 형태다. 그러니까 글자 수 1억 자짜리 아주아주 긴 글이 책 6권에 걸쳐 쓰여 있다고 생각하면 된다. 그런데 책의 가장 마지막 결말 부분, 그러니까 염색체의 끝부분을 서로 비교해보니까, 하와이 출신 예쁜꼬마선충의 한 염색체 끝에 20만 개가량의 새로운 문자가 추가되어 있다는 걸 확인할 수 있었다. 마치 누군가 개정판을 내면서 내용을 추가한 것마냥, 염색체 끝이 더 길어져 있었던 것이다.

어떻게 염색체 끝부분이 이렇게 변할 수 있었던 걸까? 더 자세히 살펴보니 새로운 문자가 추가되기 전에 염색체 끝부분이 망가졌다는 걸 확인할 수 있었다. 생물의 염색체는 대부분 양 끝이 노출된 실처럼 생겨서 이 양 끝이 망가지지 않도록 보호해주는 것이 아주 중요하다. 그래서 책의 시작과 끝이 표지로 덮여 있는 것처럼, 염색체도 양 끝이 특정한 덮개('텔로미어telomere'라고 함)로 보호되어 있다.

그런데 때로는 이 덮개가 제 기능을 하지 못하고 떨어져나가는 경우가 있다. 그러면 자연히 염색체 끝부분이 망가지게 되는데, 그러다 보면 마치 표지가 뜯겨진 책의 낱장이 점차 흐트러지는 것처럼 염색체도 죄다 망가질 수 있다. 하와이 예쁜꼬마선충의 염색체 끝부분에는 바로 이처럼 한 번 망가진 흔적이 남아 있었다. 하와이 예쁜꼬마선충의 조상에서 적어도 한 번, 책을 잘 덮고 있어야 할 표지가 뜯겨나간 적이 있었던 것이다.

다행히 표지가 뜯겨나간 뒤에도 염색체라는 책이 한 방에 찢겨나가진 않았다. 어떻게든 새로운 덮개를 다시 수선해서 붙이려는 시도가 생겨났고, 너무나 얇지만 끝을 덮을 수는 있는 1만 자가량의 얇은 덮개가 생겨났다. 그런데 이걸론 부족했던 것 같다. 이 얇은 문자 덮개 끝에, 염색체 안쪽에 있던 20만 자 정도 되는 좀 더 두꺼운 부분을 끌어다가 새로운 덮개로 삼으려는 시도가 다시 한번 있었다. 덕분에 이 염색체 끝은 표지가 한 번 뜯겨나간 흔적만 남긴 채 새로운 내용이 추가되었고, 그 뒤에야 다시 원래 쓰이는 튼튼한 덮개가 염색체 끝부분에 씌워지게 됐다.

우리가 발견한 이 현상은 당시 가장 비싼 분석 기법을 동원해야만 살펴볼 수 있는 흔치 않은 현상이었다. 덕분에 연구의 가치를 인정받을 수 있었고, 《게놈 리서치Genome Research》라고 하는 업계 최고 수준의 명성 높은 학술지에 실리게 되었다. 물론 여전히 여러 가지 질문이 남아 있다. 대체 표지는 왜 뜯겨 나갔던 걸까? 표지가 뜯겨 나가면서 내용이 추가됐는데, 혹시 이렇게 추가된 내용으로 인해 하와이 예쁜꼬마선충이 새로운 특징을 갖게 된 부분은 없을까? 하와이 출신 말고 다른 지역 출신 예쁜꼬마선충의 염색체 끝부분은 어떨까? 예쁜꼬마선충이 아닌 다른 생물에서도 이런 현상이 나타날 수 있을까? 염색체 끝부분이 진화하는 다른 방식은 없을까?

염색체란 정말 튼튼해 보이지만 사실 자주 끊어진다. 망가진 걸 눈치채지 못할 정도로 계속해서 끊어진 부분을 때우고 수선해서 회복시켰을 뿐이다. 이 과정을 거치며 돌연변이가 생겨나고 다양성이 생겨나며 진화가 일어날 수 있는 원동력이 생긴다.

사람 사는 것도 비슷하지 않겠어? 인생이라는 실타래도 매 순간 끊길 듯 위태롭지만 결국 어떻게든 이어지고, 그렇게 버티고 버티다 보면 어느 순간 성장할 수 있는 것 같다. 열심히 살기 정말정말 싫지만, 살아남으려면 별수 없이 열심히 하는 수밖에 없다고.

살아 있는 모두는 각자의 전략이 있다

요즘 대학원생들을 만나면 실험 때문에 고생한 2박 3일짜리 이야기가 자주 나온다. 그도 그럴 것이, 어지간히 편하게 해서 될 만한 실험들은 이미 이전 연구자들이 다 해버렸기 때문이다. 남아 있는 연구 주제는 대충 실험했다가는 당연히 망하는 것밖에 없는지라, 어떻게든 안 될 실험을 되게 만들어야 하는 고통스러운 일들밖에 없었다. 또는 해낼 수 있는 실험도 가끔 있는데, 이런 일은 엄청난 돈이 들거나 엄청난 노동력이 들어간다. 새로운 지식을 생산해내려면, 어찌 됐건 고단한 생활을 해야 하는 것이다.

우리 선생님은 종종 이런 말씀을 하셨다.

"연구라는 건 대개 실패하게 마련이라 일 년에 한두 번 기대하던 결과가 나오게 되지. 그때만큼이라도 즐거워하며 그 힘으로 다음 일 년을 버틸 수 있으면 과학자로 살 수 있는 거야."

처음 들었을 때는 과학자의 보람과 즐거움이라는 것이 참 멋지게 들렸다. 그러나 내게도 2박 3일 동안 떠들 수 있는 산전수전 실험실 이야기가 생기자 그 말이 "도망칠 거면 얼른 도망쳐" 하는 소리로 느껴졌다.

내가 박사과정에 들어선 지 얼마 안 돼 세 번째로 마무리한 논문용 실험을 하던 무렵의 일이다. 예쁜꼬마선충은 아주 빠르게 번식하는 걸로 유명한 생물이다. 연구실처럼 먹이도 풍부하고 환경도 좋은 곳에서는 한 마리만 있어도 저 혼자 꾸준히 알을 낳아서 사흘 반 만에 100마리 이상 불어나고, 일주일쯤 지나면 1만 마리 넘게 쭉쭉 늘어난다. 3일 정도면 성충으로 자라는 데다가, 수컷보다는 주로 짝짓기도 필요 없는 암수한몸으로 태어나다 보니, 암수한몸이 다시 암수한몸을 낳으며 어마어마한 속도로 불어나는 것이다.

그런데 초반에 너무 많은 알을 낳기 때문일까? 연구실의 예쁜꼬마선충은 성충이 된 뒤 하루이틀 사이에 알을 몰아서 낳고, 그 뒤로는 힘이 쏙 빠진 것처럼 알을 거의 낳지 않은 채 열흘 넘게 살아간다. 후반에는 알의 상태도 안 좋아지는 건지, 초반에는 대부분 암수한몸이 태어나는 반면에 후반에는 수컷이 태어나는 경우가 늘어난다(보통 연구실에서 키우는 예쁜꼬마선충의 경우 암수한몸이 주로 태어나며, 수컷은 1,000마리 중 몇 마리 정도밖에 태어나질 않는다. 성염색체가 한 쌍이면 암수한몸으로, 하나만 있어야 수컷으로 자라는데, 하나가 사라지는 사건이 거의 일어나지 않기 때문이다).

대체 이 친구들이 왜 이럴까? 혹시 초반 이틀에 모든 힘을 쏟아붓고 나서 너무 지친 나머지 대충 살기로 작정한 것일까? 과연 연구실이 아닌 야생에서 사는 예쁜꼬마선충들도 이럴까?

나는 연구실 동료 '간신님'과 함께 실험을 진행했다(늘 듣기 좋은 말만 한다고 해서 간신님이 됐다. 물론 농담이고 최고의 동료다). 우리는 전 세계 곳곳에서 채집된 야생 예쁜꼬마선충 100여 종류를 이용해, 야생 예쁜꼬마선충들도 초반에 알을 더 많이 낳는지 확인해보기로 했다. 과연 야생의 친구들도 초반에 모든 기력을 쏟은 뒤 그 뒤로는 알을 잘 낳지 않게 되는지, 또 후반에는 수컷의 수가 증가하는지 등을 살펴보기 시작했다.

실험에 대한 간략한 설명에서 짐작할 수 있겠지만, 이 실험은 100여 종류의 야생 예쁜꼬마선충이 알을 얼마나 자주, 얼마나 많이 낳는지, 태어나는 선충 중에서 수컷은 얼마나 되는지 등을 실험 기간 내내 일일이 확인해야 하는 아주 중노동이었다. 당연히 휴일은 있을 수 없었고, 벌레들이 어릴 때는 하루 두 번씩 두 시간 동안, 그리고 벌레들이 성충이 되면 하루에 열여섯 시간씩 꼬박 현미경만 붙잡고 있어야 했다. 그렇게 6개월간 이어지는 실험 지옥이 시작됐다.

하루 두 번, 열두 시간 간격을 두고 실험을 해야 했기에 간신님은 오전 10시에, 나는 오후 10시에 두 시간씩 벌레 옮기는 일을 나눠 맡았다. 한밤중에 실험을 시작하니 빠르면 자정, 늦으면 새벽 2시쯤 실험이 끝났고, 집에 도착해서 씻고 나면 해 뜨는 시간이 가까워져가는지라 아무리 피곤해도 잠이 쉽게 들지 않는 날들이 계속됐다. 간신히 잠이 들었다가도 아침이면 "흐억!" 소리를 지르며 잠에서 깨기 일쑤였다. 다음 날 생활을 해야 하니 어떻게든 빨리 잠들려고 학교 보건소 정신과에서 수면유도제를 처방받기도 했고, 논문을 마감할 때쯤엔 실험 도중 코피가 떨어지는 일도 잦았다.

그러고도 몇 달 동안 실험이 계속됐다. 다행히 그 사이에 실험이 손에 익어가면서 점점 빠르게 할 수 있게 됐고, 일정을 조정해 내가 어떻게든 일찍 일어나 아침 8시부터, 간신님은 저녁 8시부터 실험을 시작하기로 바꿨다. 여전히 죽을 맛이었지만 그래도 가끔 살맛도 나기 시작했고, 그러다 보니 드디어 실험이 끝났다.

결과는 나쁘지 않았다. 우리는 몇 가지 가설을 얄팍하게나마 살펴보는 데 성공할 수 있었다. 야생에서 잡힌 예쁜꼬마선충들은 연구실에서 키우던 예쁜꼬마선충과 마찬가지로 대부분 초반 이틀에 알을 몰아서 낳았다. 이 기간 동안은 알의 품질 관리도 잘하는 건지 수컷도 거의 태어나지 않았다. 그런데 이틀이 지났을 즈음부터는 낳는 알의 수가 급격하게 줄었으며, 수컷도 훨씬 많이 태어난다는 걸 확인할 수 있었다.

그런데 흥미로운 점은 야생 예쁜꼬마선충들이 대체로는 후반에 가서 알도 줄고 수컷도 많이 태어나는 경향을 보였지만, 모든 야생 예쁜꼬마선충들이 비슷한 수준으로 변화를 보인 건 아니라는 것이었다. 100여 종의 야생 친구들 중에서도 그래도 후반까지 좀 더 알을 많이 낳은 녀석도 있고, 수컷이 덜 태어나는 녀석도 있고 가지각색이었다.

전 세계 곳곳에서 구해온 야생 친구들인지라 아마도 각자가 살던 곳의 환경적 요인에 맞추어 자기만의 생존 전략을 세운 것일 수도 있다. 이 세 번째 논문은 결론을 뒷받침하는 증거가 엄청 탄탄한 수준까지는 이르지 못했기에 더 이상 확정적으로 말하기는 어렵다. 그래서 각각의 야생 예쁜꼬마선충에 따라서 후반기 번식 전략을 어떻게 세웠는지에 관해 좀 더 살펴보고 싶은 마음은 있었지만, 그 마음만 고이 간직한 채 이 실험은 중지하기로 결심했다. 더 깊이 실험해서 밝혀볼 만한 부분이야 얼마든지 있겠지만, 일단 간신님과 나는 이렇게 힘든 실험은 더 이상 할 수 없겠다는 결론을 내렸다. 이것 역시 우리들의 생존 전략이니까.

4

과학의 기쁨과 슬픔

진화 연구의 끝자락

최근에는 '유전체 편집 기법'과 같은 유전자를 조작하고 분석하는 기법들이 엄청나게 발전해서, 단지 돌연변이를 만들어내는 것 말고도 다양한 연구가 가능하게 되었다.

예전에는 연구실에서 키울 수 없는 생물, 혹은 수명이 제법 긴 생물은 유전자를 조작하고 결과를 관찰하는 것이 불가능했다. 앞서 말했듯 실험을 시작하면 적어도 손주나 증손주 정도는 돼야 돌연변이 효과를 확인할 수 있었기 때문에, 성체까지 자라는 데 걸리는 시간이 긴 생물은 현실적으로 실험이 매우 어려울 수밖에 없었다. 게다가 원하는 유전자만을 골라 실험할 수 있는 게 아니라 일단 모든 유전자를 망가뜨리고 난 다음에 손주를 수천 마리씩 관찰해서 '이상해진 게 있나?' 하고 일일이 확인하는 방법을 썼다 보니, 수천 마리를 동시에 키울 수 있는 공간이 없으면 연구가 불가능했다. 코끼리 수천 마리 키우려면 초원 정도는 있어야 하지 않겠나.

그런데 유전체 편집 기법이 발달하면서 원하는 유전자를 원하는 형태로 뜯어고치는 게 가능해졌고, 수정란에서 유전자를 뜯어고치면 그 수정란이 성체까지 자라기만 기다리면 되는 시대가 됐다. 덕분에 수천 마리 대신 몇 마리만 관찰해도 결과를 확인할 수 있게 됐고, 두세 배는 더 짧은 시간 안에 결과를 확인할 수 있게 된 것이다.

예를 들면 "모든 초기 생물은 바다에서 태어났다던데, 그렇다면 최초의 육상생물은 어떻게 바다에서 뭍으로 올라와 허파로 숨을 쉴 수 있게 된 걸까?" 요런 질문을 풀고 싶으면 옛날에야 별수 없이 생쥐처럼 연구실에서 키우기 쉬운 생물을 이용해 허파를 망가뜨리는 유전자부터 찾았다. '이 유전자가 망가지면 허파가 망가지니까, 허파와 관련이 있는 유전자인 만큼 허파가 진화하는 데도 중요한 역할을 하지 않았을까?' 하고 생각했던 것이다. 그런 방법 말고는 딱히 육상생물로의 진화에 대해 연구할 수단이 마땅치 않았다.

그런데 이런 방식은 아주 명백한 한계를 가지고 있었다. "아니 허파 진화가 궁금하면 허파를 갖고 있는 물고기를 연구해야지, 뭔 생쥐를 연구해?" 요런 반박을 받으면 대꾸할 말이 없었던 것이다. 허파 진화 연구, 좀 더 그럴듯하게 할 수 없는 걸까?

그러나 최근에는 이처럼 상상 속에서나 가능했던 연구들이 다양한 기술 발전 덕분에 현실에 꾸준히 등장하고 있다. 이제는 물속에 살면서도 허파로 숨을 쉬는 폐어lung fish의 유전자를 직접 살펴보면서 훨씬 더 그럴듯한 실험을 설계하는 게 가능해졌기 때문이다. 폐어를 키우는 것만 해도 쉽지 않은 일인데, 폐어는 유전체 크기가 사람보다 10배는 커서 유전체 지도도 정확하게 알려진 것이 없었다. 어떤 유전자를 갖고 있는지도 명확히 알 방법이 없었던 것이다. 2021년에야 폐어 유전체 지도가 하나둘 등장하기 시작했고, 덕분에 어떤 유전자를 갖고 있는지 알 수 있게 됐으며, 손쉽게 유전자를 뜯어고칠 수 있는 유전체 편집 기법을 이용하면 이 유전자들을 조작하는 것이 가능해졌다.

폐어뿐만이 아니다. 소나 양 같은 반추동물들은 되새김질하면서 배 속에서 음식물을 여러 번 소화시키는데, 배 속에서 키우고 있는 엄청난 양의 미생물이 음식물을 소화시키는 데 큰 도움을 준다. 반추동물들은 어떻게 이처럼 독특한 '되새김질'이라는 특징을 진화시킬 수 있었던 걸까?

미국이나 중국처럼 연구비를 거칠게 쓰는 나라들에서 이런 연구를 한다고 가정해보면, 이들은 그 나라에 있는 반추동물의 유전자 정보를 모조리 확인하는 식으로 거대한 연구를 시작한다. 설렁설렁 잡아도 몇억은 들 만한 연구들인데, 요런 걸 해낸다. 그리고 "음, 반추동물들을 뒤져보니까 되새김질 안 하는 다른 생물들이랑 달리 면역 관련 유전자들이 엄청 많던데? 이런 면역 관련 유전자들 덕분에 배 속에 미생물을 잔뜩 키우면서도 감염이 안 되고 살아갈 수 있는 건 아닐까?" 이런 식으로 결론을 내리는 것이다.

돌연변이 말고 이미 자연에 있는 다양한 변이(자연 변이)들을 이용한 연구도 매우 활발하게 진행되고 있다. 자연에서는 보통 극심한 돌연변이가 생겨나면 심각한 유전병이 생겨 자손을 낳지 못하고 죽는 경우가 태반이다. 그 때문인지 자연 속 변이는 보통 아주 자잘한 차이만 나는 경우가 많다.

사람의 키가 대표적이다. 물론 예외인 경우가 꽤 있지만, 그래도 사람을 무작위로 100명쯤 뽑아 키순으로 줄을 세워보면, 앞사람과 뒷사람의 키 차이는 대체로 1센티미터 미만에서 아주 조금씩 벌어지는 정도일 것이다. 사람 같은 생물에서는 돌연변이를 만들어볼 수 없으니 별수 있나. 이런 자연변이의 연구를 통해 사람의 키와 관련된 유전자들을 살펴보는 방법밖에 없다.

그러고 나면 지역별 인구 집단ancestry마다 이 유전자들이 어떤 형태를 띠고 있는지 비교해서, 인구 집단마다 서로 다른 진화가 일어났는지를 살펴볼 수도 있다. 예컨대 "북유럽 사람들과 동아시아 사람들은 키가 꽤 차이 나는데, 진짜 유전자의 형태가 서로 달라서 그런 걸까?" 요런 질문이 궁금하면 북유럽과 동아시아에 살고 있는 사람들의 키 관련 유전자를 분석하고 비교해서 자세하게 살펴볼 수 있다.

같은 기술로 사람만 연구할 수 있는 것도 아니다. 어떤 생물이든 연구하는 게 가능해져서, 훨씬 더 다양한 생명현상을 연구하고, 생물들이 어떻게 진화했는지 세세하게 살피는 것이 가능한 시대가 도래했다. 예컨대 다양한 생물들을 서로 비교해 어떤 유전자들이 바뀌었는지 확인하고 나면, 그 유전자들이 실제로 해당 생물에서 중요한지 다시 돌연변이를 만들어 확인할 수도 있다. 또한 자연 변이를 확인해서 실제로 특정한 형태의 유전자만 살아남아 있는지, 아니면 여러 형태가 서로 대립하면서 살아남아 있는지 확인하는 것도 가능하다. 유전자를 조작하고 분석하는 기법들이 워낙 발전한 상황인지라, 이제는 재미있는 생물을 찾아내고 연구할 만한 생명현상을 찾아내는 것이 더 중요해지고 있다.

어쩌면 길가에 피어 있는 민들레에 대해 더 잘 이해할 수 있게 되는 날도 머지않았을지 모른다. 봄이 되면 화려하게 피어나는 꽃들이 어떻게 서로 다른 색을 지니고 있는 것인지, 어떤 유전자가 저마다 다른 빛깔을 띨 수 있도록 하는 것인지에 대해서도 아주 자세한 수준으로 알 수 있게 될지도 모른다. 고추, 후추, 초피는 어떻게 서로 다른 매운맛을 낼 수 있는 것인지, 마늘, 달래, 양파와는 또 어떻게 다른 것인지, 감귤이랑 천혜향, 한라봉은 서로 어떤 차이를 지니고 있는지, 유전자의 변이 수준에서 이해할 수 있는 날이 빠르게 올지도 모르겠다.

이뿐이겠는가. 사람 몸속과 비슷한 형태로 세포들이 자라나고 기능을 갖게 되는 인간 장기 유사체 덕분에 사람을 대상으로 한 연구가 더 쉬워지게 될지도 모른다. 예컨대 똑같은 암 치료제를 써도 어떤 사람은 약이 잘 듣는데, 다른 사람은 그 약이 도통 효용이 떨어지는 경우가 종종 있다. 어떤 약이 더 효과적일지 판단하려면, 약을 먹고 경과를 지켜보는 수밖에 없는 걸까? 그러나 이제는 환자에게서 암세포를 꺼내고, 그 암세포를 장기 유사체로 키운 뒤, 서로 다른 약물들을 처리해서 어떤 약이 가장 효과적인지 파악하는 것이 가능하다.

여기에 유전체 편집 기법까지 적용할 수 있다면, 유전자 조작을 통해 다양한 질병을 연구하고 새로운 치료제를 찾아내는 것도 가능해질지 모른다. 인간 유전병의 원인 유전자를 찾는 일은 주로 자연 변이를 통해 활발하게 진행되고 있다. 특정한 질병이 있는 사람의 세포를 꺼내 자연 변이 연구를 통해 밝혀낸 질병 원인 유전자를 조작한 뒤, 이를 장기 유사체로 만들어 그 질병의 원인이 되는 문제가 사라지는지 확인할 수 있다면, 유전적 원인이 어떻게 세포와 장기 수준에서 영향을 주는지 밝혀낼 수 있을

지도 모른다. 또 연구자들이 오랜 세월 모아온 다양한 약물 후보 물질을 이 장기 유사체에 처리하고, 어떤 후보 물질들이 그 질병의 근원을 제거하는지 살펴보는 것도 가능할지 모른다. 그렇게만 된다면 신약 개발이 지금보다 훨씬 빨라질 수도 있다.

물론 지금은 상상도 못할 문제가 연구를 가로막게 될 수도 있다. 그렇지만 그 한계 안에서도 가능한 연구는 무궁무진하고, 걸림돌에 가로막힌다 한들 결국 지금까지 그랬듯 또 다른 해결책을 찾아내게 될 것이다. 과학은, 그리고 생물학은 점점 더 빠르게 발전하고 있으니 기대해봐도 좋지 않을까.

연구 노동자와 두 노예

대학원을 졸업하고 '박사'라는 자격증을 얻었지만 내가 하는 일은 그다지 바뀌지 않았다. 매일 연구실에 출근을 하고 CPU를 돌리고 가끔 선충 채집을 가고 다시 돌아와 연구실에서 실험을 한다. 꽤 괜찮은 결과가 나오면 논문을 내기도 한다. 대학원생 때와 가장 크게 달라진 점은 그나마 인건비를 두 배쯤 주는 연구비를 지원받게 된 덕분에 그나마 '노동자'답게 생활할 수 있게 되었다는 정도다. 연봉 인상만큼 좋은 게 없더라.

대학원에 다니던 시절, 다른 연구실 친구 둘과 함께 '한 지붕 세 사람'으로 살았다. 사람은 셋이지만 신분은 달랐는데, 정확히 말하자면 노동자 하나와 노예 둘이었다. 지금과 달리 주 40시간 노동하며 인간답게 살던 나였지만, 한때 일이 너무 많아 밤 11시쯤 집에 들어오는 나날이 지속됐다.

고단한 몸을 끌고 방문을 열 때면 항상 다른 두 친구들이 집에서 잘 쉬고는 있는지 궁금증이 일곤 했는데, 안타깝게도 내 짧은 생각은 현실로 구현된 적이 한 번도 없었다. 문을 열어봐야 컴컴하기만 할뿐, 다른 둘의 존재는 방에서 정의조차 되질 않았던 것이다. 빠르면 밤 11시 반, 늦으면 새벽 2시에 퇴근하는 인생들이었다. 진짜 늦었을 땐 아침 7시에 들어오기도 했다. 이러니 현대판 노예라 부를 수밖에 없지 않겠나.

결국 두 사람 중 아침 8시에 출근해 밤 12시에 퇴근하는 친구가 '노예 1호'가 되었고, 그나마 조금 나아서 아침 9시에 출근해 밤 12시에 퇴근하는 친구가 '노예 2호'가 되었다. 그리고 출퇴근 시간이 그들에 비해 인간적이고, 조금이나마 연구비를 받았던 나는 '노동자'로 불렸다. 이렇게 사는 마당에 태어나서 부여받은 이름이란 게 대체 무슨 소용이 있겠나.

나는 노곤한 몸을 이끌고 방에 들어와 쉬고 있다가 문 열리는 소리가 들려오면 그때마다 누구냐고 묻곤 했다. 이에 1호는 "1호 왔습니다"라고 답했고, 2호는 "참 과학자 아니겠습니까"라며 본인의 고된 삶을 조소하곤 했다. 한국에서 과학을 한다는 것이 얼마나 멋진 일인지 이 두 노예에게 배웠다. 이렇게 해야 먹고살 수 있는 게 바로 한국형 참 과학이다.

한번은 약속이 있어 밤늦게 집에 들어간 적이 있다. 어쩐 일인지 2호가 자정이 되기 전에 집에 돌아와 있었고, 그는 "어이, 노예 왔는가?"라고 호기롭게 소리치더니 자신이 가장 일찍 퇴근했다고, 자신의 쇠사슬이 가장 가볍다고 자랑했다.

"저는 6시에 퇴근해서 놀다 왔습니다만?"

내가 이렇게 답하자 그는 갑자기 시무룩해져서는 "제길, 연구실 정기 회의가 6시에 잡혀 있어서 그땐 퇴근이 불가능합니다. 제가 졌습니다"라고 중얼거렸다. 우리 연구실에서 그런 일이 생겼다가는 폭동이 일어났을 거다.

잠시 후 자정이 가까운 시간, 갑자기 밖에서 세탁기 돌리는 소리가 거칠게 나기 시작했다. 한밤중에 세탁기 돌리는 이런 몰

상식한 사람이 있다니! 문을 열어보니 1호였다.

"빨래는 낮에 하셔야지요!"

"그 시간에 어떻게 세탁기를 씁니까! 퇴근하면 자정입니다."

생각해보니 1호네 연구실은 연구하기에 최적화된 아주 훌륭한 곳이었다. 언젠가는 새벽부터 1호가 부산하게 움직이기에, '아니 이놈이 오늘따라 왜 이렇게 서둘러?' 하고 생각하며 잠에서 깼다. 시계를 보니 아침 8시 30분이었다. 깜짝 놀라 허겁지겁 일어나서 다시 확인해보니 토요일이었다. 토요일에도 항상 일할 수 있도록 오전마다 전체 회의를 잡아주는 곳이니 주중에는 오죽하겠는가. 쯧쯧, 혀를 차긴 했지만 측은지심이 일어 더 질책하긴 어려웠다.

그러던 어느 날, 빨래 건조대를 두고 두 노예 사이에서 다툼이 일었다. 1호는 빨래가 끝나자 자신이 산 건조대라며 2호에게 덜 마른 빨래를 얼른 걷으라고 명했다. 2호는 빨래를 널 곳을 찾아 헤매며 "빵도 사다 줬는데 너무하십니다"라며 툴툴거렸다. 영수증을 살펴보니 빵 값은 1,500원이었다. 석사 기준으로 등록금을 떼고 나면 인건비가 50만 원 남는데, 주 80시간 노동하는 건 보통이고 여기에 헬조선 버프와 친구 좋은 게 뭐냐 찬스를 끼었으면, 이 집에서 대학원생 시급은 대충 500원쯤 되겠단 생각이 들었다.

"셋이 나눠 먹었으니, 이 정도 빵이면 한 시간은 일 시켜도 되겠습니다!"

내가 영수증을 보며 1호에게 낄낄거리자, 그는 먹은 빵 다 뱉어내겠다고, 지금 일 시킬 거면 차라리 실험 한 시간 하게 해 달라며 짜증을 냈다. 이런 게 바로 대학원생 사이에서만 느낄 수 있는 진정한 행복이었다.

물론 노동자였던 나 또한 얼마 지나지 않아 '노예 3호'라는 새로운 정체성을 갖고 다시 태어나게 됐다. 돌이켜보면 자발적인 노예 생활은 학계에서 살아남을 수 있는 필수 조건이다. 결국 나도 똑같이 노예될 거면서, 잠시나마 노예 취급해서 미안하다.

박사 졸업하고 난 뒤에 그나마 인건비는 높아졌지만, 지금도 일주일에 60시간에서 80시간 정도씩 일하는 생활을 하고 있다(주 52시간이 뭐람). 지금의 일자리도 시한부인 터라, 일하는 틈틈이 안정적인 일자리를 계속 알아봐야 한다. 원래도 생명과 박사가 취직하기란 하늘에서 별 따는 것만큼이나 어려운 일이었는데, 코로나19까지 겹쳐서 드물게나마 있던 일자리도 사라지다시피 했다. 면역계나 단백질 추출처럼 산업계에서 쓰일 만한 연구를 한 사람들이야 갈 곳이 간간이 있다지만, '선충'을 '유전학'과 '유전체 기법'으로 연구한 사람은 갈 곳이 정말 없다.

그렇지만 돈보다는 어떻게든 생물학 연구, 진화 연구가 하고 싶어서 여기까지 달려온 것 아닌가. 풍요로운 미래는 그릴 수 없겠지만, 적어도 연구비 끊길 때까지는, 인건비 끊길 때까지는 발버둥 쳐볼 생각이다. 이렇게 버티고 버텨도 결국 살아남지 못하게 된다면, 그때는 생명과 빠르게 탈출해서 밥벌이 잘하고 있는 친구들에게 빌붙어봐야지. 별수 있나? 일단 될 때까지 해보는 수밖에!

과학자는 무엇을 먹고사나

"우리 때도 선배들 욕하면서 부러워했지. '아니, 저 정도 논문을 가지고 교수가 됐단 말이야? 요새 같으면 턱도 없는 일인데' 하고. 그런데 이제는 상황이 더 어려워져서 너희는 심지어 우리 때보다도 취직하기가 힘드니 참…."

생명과를 포함한 상당수 이공계 학계에서는 논문에 점수를 매겨 줄을 세운다. 정확하게는 논문이 실린 학술지에 점수를 매기는 것인데, 몇 점 이상의 논문을 몇 편 이상 갖고 있느냐에 따라 어떤 대학 혹은 연구소에 취직할 수 있을지 정해진다고 해도 과언이 아닐 정도로 중요하다. 고로 논문 점수는 박사들의 '절대 스펙'이란 거다.

"최근에 교수된 분들 보면 다들 고급 학술지에 실린 논문 한 편씩은 가지고 계시지 않나? 예전에는 외국에서 유학하는 경우에나 가능했던 것 같은데, 요새는 한국에서도 종종 고급 학술지에 논문을 내는 분들이 계시는 걸 보면 우리나라 과학 수준이 진짜 높아진 것 같아."

그러면서 자연히 연구자로 먹고사는 데 필요한 점수 요건은 계속해서 올라가고 있다. 한국만 그런 것도 아니고, 전 세계가 다 그렇다. 대학에 연구비가 꾸준히 들어오게 된 데다가 싼값에 주 80시간씩 일할 대학원생 노예들이 있다 보니 박사가 우후죽순 양성된 탓이 크다. 문제는 그렇게 훈련받은 박사들을 필요로 하는 곳이 박사 수만큼 늘지 않아서, 일자리 경쟁도 그만큼 치열해졌다는 거다. 그래서 요즘 박사들은 이런 희한한 '라떼'를 많이도 듣는다.

"우리 때는 그래도 유학 가서 박사과정 마치고 1, 2년 정도 준비하면 연구직을 얻을 수 있었던 거 같은데, 요새는 빨라야 5년이고 길면 10년씩 거의 최저임금만 받아가면서 죽어라 연구해야 겨우 자리 잡는 것 같아."

내가 대학원에 다니던 시절에는 상황이 더 안 좋아졌다. 학부 입학생이 점점 줄다 보니 교수 정원이 줄어들 거라는 소문이 파다하게 돌았는데, 한국에서 한창 교수를 많이 뽑던 30년 전쯤에 임용됐던 분들이 은퇴를 시작하면서 그때까지 외국에서 버티며 연구하던 분들이 우르르 국내로 돌아와 자리를 잡았다. 심지어 코로나19 사태를 겪으면서 한국이 인기가 더 좋아졌단 소문도 돌았다.

생활비 정도만 받으면서 주 60~80시간씩 일하는 근무 환경이지만, 예전에는 그래도 5년만 참고 버티면 학계에 자리 하나쯤은 잡을 수 있을 거라는 기대가 조금이라도 있었던 것 같다. 그런데 과연 5년 뒤에도 이런 기대를 품을 수 있을까? 비정규직으로 전전하더라도 앞으로 10년 정도는 어떻게든 연구하면서 살 수 있을 것 같긴 하다. 그런데 그러다 어느 날 갑자기 연구비가 끊겨 연구실에서 나가야 하는 상황이 오면 그때는 어떻게 해야 할까? 마흔이 넘도록 연구만 하던 나를 받아줄 일자리는 있을까? 당장 몇 개월 후면 인건비가 끊길지 모른다는 불안감에 지금도 걱정이 산더미 같은데, 몇 년 뒤엔 더 심해지지 않을까?

그렇게 고민하던 무렵 오랜만에 대학 선배를 만났다. 밥 한 번 먹자던 선배는 치킨을 뜯다 말고 대뜸 선언했다.

"졸업하면 치전(치의학전문대학원)에 지원하려고."

그 선배는 누구보다 성실하고 연구에 뜻이 깊었던 데다가, 대학원에서도 좋은 논문을 많이 낸 연구자였다. 졸업에 필요한 논문 실적은 이미 차고 넘쳐 조만간 박사를 받을 게 정해진 상태나 마찬가지였고, 외국에서 몇 년 정도 실적을 쌓은 뒤 국내 교수 자리로 돌아오지 않을까 점쳐지던 이 중 하나였다. 그런데 갑자기 외국에 연구하러 가는 대신 치전에 가겠다는 것이 아닌가.

사실 별로 놀랍지는 않았다. 당장 휴대폰을 켜서 생명과학부 동기들 목록을 뒤져보지 않아도 너무나 잘 알고 있다. 누구보다 머리 좋고 '학벌' 좋은 대학의 생명과학부 동기들 중에서 생명과 대학원으로 간 사람이 몇 명이나 되는지, 그 한 줌의 친구들 중에서 몇 명이 연구를 그만두고 다른 길을 택했는지…. 이런 이야기를 들으면 실컷 놀리면서 나중에 치과 의사 되면 잘 부탁한다는 말이나 하는 게 수순이었는데, 이번에는 듣는 순간 나도 모르게 감탄이 먼저 터져 나왔다.

"햐, 역시 형은 현명하시네…."

현명한 학부 동기들은 이미 다 밥벌이가 보장되는 안정적인 의전이나 치전으로 떠나, 이제는 어엿한 의사 선생님이 되지 않았던가. 지금이라도 그들을 따라가는 게 현명한 선택 아닐까?

"치전 가겠다고 마음먹는다고 해서 다 갈 수 있는 것도 아니지만, 만약 합격하더라도 앞으로 4년은 돈을 벌기는커녕 계속 써야 하니 걱정이다."

그는 고민되는 지점들을 하나둘씩 풀어놓기 시작했고, 나는 그가 듣고 싶어 할 말을 해줬다.

"에이, 솔직히 여기도 최소 5년에서 10년은 최저임금 받으면서 외국에서 어떻게든 실적을 내야 대학이든 연구소든 안정적인 일자리를 찾을 수 있잖습니까. 경제가 더 안 좋아지면 그나마도 점점 줄어들 테고…. 그런 거 생각하면 4년 투자해서 치과 의사 자격증이라도 따는 게 더 나을 수도 있죠."

그는 고개를 끄덕이다가 "연구가 재밌긴 한데…"라며 작게 되뇌었다. '그러게, 연구가 참 재밌긴 한데, 이렇게 일할 곳 없는 시대에 우리가 계속 연구할 수 있을까' 하는 생각이 갑자기 울컥 치밀었지만 꾹 참고 이야기를 마저 보탰다.

"그리고 자격증이 있으면 환자 질병을 대상으로 연구하는 것도 가능하니까 연구 범위도 더 넓어지잖아요. 어떤 점에서는 더 좋을 것 같은데요?"

그는 그렇겠다고 맞장구치며 조금은 환하게 웃었다. 응, 정말 그렇게 됐으면 좋겠다.

선배와 헤어지고 다시 연구실로 돌아오는 길엔 햇빛이 어찌나 쨍하게 비치는지 눈 감고 고개만 들고 있어도 절로 기분이 좋아졌다. 불현듯 첫 논문이 나왔을 즈음이 떠올랐다. 선생님께 박사학위 받고 나면 연구 때려치우고 취직하려고 고민 중이라는 이야기를 했던 적이 있다. 어차피 연구자로 안정적으로 살기 요원하다면, 게다가 대학이나 연구소에 자리를 잡아도 또 다시 연구비를 지원받고 승진하기 위해 갖은 고생을 다 해야 한다는 걸 고려한다면, 돈은 다른 방법으로 벌고 과학은 취미로 하는 게 더 낫지 않을까 생각했기 때문이다. 그게 과학을 더 오래오래 할 수 있는 방법 같았다.

그러다 얼마 뒤에 잠 푹 자고 컨디션을 좀 되찾고 나니, 아무리 그래도 취미로 과학하는 것보다는 전문가로서 본격적으로 연구하는 게 더 재미있겠다는 생각이 스멀스멀 피어오르기 시작했다. 역시 나는 항상 잘못된 선택을 반복해서 문제다. 그래서 또 신나서 선생님께 아무래도 연구를 계속하는 게 더 나을 것 같다고 이야기했더니, "그래 잘 생각했다. 회사 가서 돈 버는 것도 좋지만, 교수가 얼마나 좋은 직업이냐" 하시는 거다. 에헤이, 하여간 우리 선생님, 눈치 좋은 분이 이럴 때는 눈치가 없으시다니까.

"아니, 선생님 뭔 소리예요. 돈 벌려고 회사 가려고 했던 게 아니라, 학계에 남으면 오히려 연구를 못 할 것 같아서 취직하려고 했던 거라니까요?"

나도 모르게 쏘아붙였더니 선생님은 갑자기 시무룩해지셨는데, 아무래도 너무 세게 말했던 것 같다. 죄송. 천방지축이었던 나조차도 이제는 조금은 사회화가 돼서, 진짜 하고 싶던 말은 꺼내지 않았다.

'누구는 교수 좋은 직업인 거 모르나? 하고 싶으면 누구나 그냥 다 교수되는 줄 알겠어.'

선생님이 이 부분은 안 읽으셨으면 좋겠다.

연구실에서는 날마다 무슨 일이!

드르륵, 톡, 딸칵.

새까만 실험대는 흔들리지 않도록 단단하게 고정되어 있다. 드르륵, 동그란 이동식 의자를 실험대 아래서 꺼내 높이를 맞추고 앉는다. 정면에는 눈높이를 맞춰둔 현미경이, 오른쪽에는 알코올램프가 놓여 있다. 뚜껑을 열고 라이터로 불을 붙이니 알코올램프 심지로 빨려 올라온 알코올이 환하게 타오른다. 알코올램프가 스멀스멀 타오르기 시작하면 이제 일할 시간이 됐단 뜻이다.

"준킴, 잠깐 시간 돼?"

현미경 보느라 피곤해진 눈을 비비고 나면, 또 다른 일들이 잔뜩 쌓여 있다. 오늘 안에 퇴근하려면 얼른얼른 해치워야 한다. 때로는 연구실 사람들과 함께 논문을 읽기도 하고("이 사람들 연구 엄청 잘하네. 우리도 여기 이 방식으로 한번 해볼까요?"), 때로는 우리의 실험 결과에 대해 토론하기도 하며("이번 실험은 망한 듯." "뭘 망해요! 이게 다 의미가 있는 거지."), 때로는 다들 퇴근한 연구실에서 머리카락을 쥐어뜯으며 컴퓨터를 향해 소리치기도 한다("제발! 제발! 컴퓨터님, 제가 시키는 대로 일 좀 해주세요! 아니 코딩을 했는데 왜 돌아가질 않으십니까!").

다른 사람들은 어떨지 모르겠지만, 나는 이렇게 과학을 하고 있다.

때로는 선충을 채집하러 산이며 들이며 섬으로 떠나기도 했다. 실험실의 선충만이 아니라, 전국 각지의 다양한 환경에서 살고 있는 야생 선충을 채집해 연구해보고 싶었기 때문이다. 문제는 출장을 가려면 당연히 돈이 필요하다는 것이었다. 하지만 박사과정이 딸 수 있는 연구비도 거의 없다시피 한 데다가, 야생

선충을 줍는 일따위에 줄 가능성은 더 없었다. 그래서 사비를 털어 전국을 돌아다니며 선충 채집을 시작했다. 관악산에 떨어진 썩은 감도 줍고, 추석이 지날 즈음엔 배도 줍고, 전국 곳곳을 돌아다니면서 온갖 선충들을 수집했다.

운이 좋았던 것인지, 생각했던 것보다도 훨씬 재밌는 연구를 할 수 있겠다는 확신이 들 만큼 흥미로운 선충들이 쏟아져 나왔다. 그래도 좀 더 재밌는 연구를 하려면 돈이 더 필요하겠더라고. 그래서 '시민 과학citizen science'(비전문가인 시민이 과학자와 협력하는 자발적인 과학 활동)을 표방하며 서울시립과학관이나 변화를 꿈꾸는 과학기술인 네트워크ESC 사람들과 함께 선충 채집과 모금을 시작했다. 전국 각지의 야생에서 썩은 과일이나 낙엽, 솔방울 등을 주워다가 그 속에서 세균과 곰팡이를 먹으며 살아가는 선충들을 잔뜩 모았다.

그런데 한두 번은 다들 재미있게 했는데, 아무래도 본격적으로 연구를 하려면 매주 일정한 시간을 꾸준히 해야 할 만큼 노동이 많이 드는 게 과학 아닌가. 그러다 보니 시민 과학으로 하기에는 당장은 지속 가능하지 않겠다는 판단이 섰다. 결국 처음 시작했을 때처럼, 혼자서 전국을 누빌 수밖에 없었다. 연구실 사람들에게 명절 때마다, 여행 갈 때마다 다양한 지역에서 썩은 과일 좀 주워다 달라고 부탁하기도 했다.

그런데 시간이 지날수록 일이 너무 잘 풀려버렸다. 곳곳에서 채집한 선충이 연구실 냉동실에 하나둘 쌓이기 시작했고, 생전 처음 보는 재미있는 선충들이 손에 쥐어지기 시작했다. 그렇게 2년 정도 채집을 이어가다 보니, 지켜보던 선생님도 "야생 선충 연구도 정말 중요한 주제지"라면서 연구비를 지원해주시게 되었다.

이런 활동으로 채집한 벌레들은 냉동실에 넣어두었다가 틈틈이 유전자 정보를 뽑아내고 분석도 하면서 시간을 보내고 있다. 조만간 논문으로 정리할 수 있기를 바랄 뿐이다.

요새는 새로운 논문을 쓰면서 동시에 일자리를 찾아 헤매고 있다. '하이브레인넷hibrain.net'과 같은 연구 인력 채용 정보 웹사이트를 하루에도 몇 번씩 확인하면서 일자리가 올라오는지 확인하고, 자리가 나면 내가 지원할 수 있을지 살펴보고, 때로는 실망하고 때로는 기대감에 부풀어 설레발치면서 시간을 보내고 있다.

"이번에 ○○대학에서 자리가 났더라고요. 그거 지원하려고요. 거기 붙으면 대학 근처로 집을 알아봐야겠죠?"

지원서도 쓰기 전에 이미 취직한 마음가짐으로 살았던 것이다. 취직 안 될 게 뻔하더라도, 일단 마음이라도 한없는 긍정으로 채워 넣어야 이 바닥에서 버틸 수 있지 않겠어?

"준킴 님은 잘 되실 겁니다. 앞으로도 연구 계속하면서 윈윈합시다."

불쌍킴도 매번 우쭈쭈 해주면서 응원해줬는데, 사람이란 생물은 어찌나 얄팍한지 이런 작은 응원들이 참 힘이 됐다.

"취직하면 해야 할 일이 너무 많아 연구에 시간을 쓰기가 어렵겠지. 그래도 몇 개월 후면 인건비도 끊기는 시한부 같은 이 상황에서는 벗어나야 불안감이 조금은 덜어질 것 같아."

또 매일같이 다짐했다.

"언제까지 밥벌이할 수 있을진 모르겠지만, 학계에 남을 생각을 했으니 별수 있겠어? 주 60시간에서 80시간은 갈아 넣으면서 이 지긋지긋한 운빨 경쟁 게임에서 살아남을 수 있도록 발버둥 쳐봐야지."

물론 세상이 녹록치 않은지, 얼마 지나지 않아서 두 곳 중 한

곳에서 1차 불합격 연락이 바로 왔다. 그 사이에 진화 연구를 주제로 썼던 연구비 신청도 떨어졌다. 박사 후에 무조건 외국에 나가는 게 아니라 국내에서도 연구자로 성장할 수 있는 기회를 제공하는 연구비였는데, 아무래도 부족함이 많았던 것 같다. 현재 지원받는 연구비가 끊기기 전에 어떻게든 새로운 연구비를 따내긴 해야 할 텐데, 막막함의 연속이다.

그렇지만 연구를 할 때만큼은 정말 다른 생각 하지 않고 즐겁게 하려고 한다. 아무래도 진화 연구로는 한국 학계에서는 살아남을 수가 없을 것 같아서, 내 전공인 유전체 분석 기법을 살려 인간 질병과 노화 연구로 분야를 확장하고 있기도 하다.

이렇게 매일, 매달, 매년을 버티다 보면, 언젠가는 좀 더 안정적으로 연구자로 일할 수 있는 기회가 생기진 않을까? 비록 아래에서는 끝이 보이지 않는 계단일지라도 한 걸음 한 걸음 오르다 보면 어느새 정상에 서 있는 날이 찾아오듯이.

그러니 지치지 말고 어떻게든 해내야지!

우리에게 필요한 사회

한국은 참 좋은 나라다. 다들 '헬조선'이라고 욕은 많이들 하지만, 이만큼 빠르게 발전하는 나라가 얼마나 될까. 과거에는 대학원생들이 연구에 참여하고도 인건비는 꿈도 못 꿨다고들 하는데, 요새 이공계 대학원생들은 상당수가 과제에 참여하고 인건비를 받는다. 공식적인 통계는 아니지만, 내가 대학원 다니던 시절에는 서울대나 포스텍 같은 연구 중심 대학은 석사 120만 원, 박사 150만 원 정도를 받았다. 교육부에서 주관한 두뇌한국Brain Korea; BK 사업 덕분에 이만큼 인건비 주는 게 당연해졌다고 한다.

시대가 바뀌면서 대학원의 모습도 바뀐 셈이다.

흔히들 대학원생이 학생이냐 노동자냐 여러 의견을 두고 싸우지만, 내가 보기에도 대학원생은 정말 애매한 성격을 띠고 있긴 하다. 석박사통합과정 동안, 나는 분명 교육을 받았다. 다만 그 교육은 강의실에서 이뤄졌다기보다는 주로 연구실에서 이뤄졌다. 대학원 수업은 수업을 하는 선생님들도 다들 싫어하셨고 도움이 된 수업이 많지 않았지만, 연구실에서 받은 교육과 훈련은 달랐다. 연구자로서 필요한 다양한 기술들은 대부분 연구실에서 배울 수 있었다. 실험은 실패의 연속이었다. 입학하고 나서 2년 정도는 혼자서 할 줄 아는 게 많지 않아서, 실험을 익히고 연구를 배우면서 계속해서 성장해야만 하는 배움의 시간이었다.

처음 계획한 연구이자 세 번째 논문으로 마무리한 연구는 입학 후 2년차 정도에 준비하고 3년차에 본격적으로 시작했다. 여전히 훈련 성격이 강했지만, 그래도 이때부턴 내가 하는 일들이 슬슬 '노동'이라는 성격을 띠기 시작했다. 실적이 될 만한 결과를 낼 수 있었기 때문이다. 많은 이공계 연구실에서는 국가 과제나 기업 과제를 수주해서 연구를 수행하고, 그에 걸맞은 성과로 논문이나 보고서 등의 결과를 낸다. 이때 했던 연구는 특정 과제에 성과로 들어갈 만한 성격을 띨 수 있었고 "이 연구는 모 과제에서 지원받아 진행됐습니다"라는 문구를 넣은 논문을 작성할 수 있었다.

연구실 동료인 불쌍킴과 내가 갖은 고생을 하며 세상에 내놓은 그 논문은 업계 최상위 학술지에 실린 덕분에 좋은 연구 성과로 인정받을 수 있었다. 이 논문 때문만은 아니지만 연구실에서 나온 다른 논문 성과들과 합쳐져 이후에 다른 연구비를 따내는 데에 큰 도움이 될 수 있었다. 이처럼 대학원생이 없으면 연구실에서 성과가 나오기가 거의 불가능한 게 현재의 대학원인데, 어떻게 노동을 안 한다고 할 수 있겠나?

그리고 대학원이 이러한 형태를 띠게 된 배경에는, 역시나 돈이 숨어 있다.

잘나가는 이공계 연구실에는 십수 명의 대학원생이 즐비하고, 어느 정도는 대학원생이 대학원생을 가르친다. 교수가 지도를 하지 않는다는 것이 아니라, 교수가 일일이 지도하는 것이 물리적으로 불가능할 정도로 많은 사람이 연구실에 자리 잡고 있기 때문이다.

교수는 연구실에서는 관리직이지만, 교수에게 주어진 업무는 연구실 밖에서도 끊임없이 쌓여 있다. 학부생 수업하랴, 대학원생 수업하랴, 수많은 회의에 참석하랴, 행정 업무 처리하랴, 교수가 맡아야 할 일이 정말정말 많다. 이런 상황에서 교수는 자신과 업무를 나눌 사람을 구할 수밖에 없을 것이다. 그리고 보통은, 가능한 한 대학원생을 많이 뽑는 것이 최적의 전략이 된다.

이공계 연구실이 이처럼 교수 1인과 십수 명의 대학원생이라는 독특한 구조를 띠게 된 건, 분명 연구비라는 형태로 대학을 지원하는 현 상황 때문일 것이다. 교육부와 과학기술정보통신부를 비롯한 여러 부처에서는 두뇌한국 사업과 같은 다양한 사업을 통해 연구비를 지원한다. 대학원 연구실로 지원되는 이 연구비의 상당 부분은 대학원생 인건비로 지급되고, 일부는 간접비 등의 명목으로 대학에 투입되기도 한다. 그리고 다시, 대학원생은 대학에 등록금을 낸다. 즉, 교육부나 과학기술정보통신부 등에서 투입된 연구지원금이 대학원생이라는 매개체를 통해 현금으로 바뀌어 대학에 지원되는 형태인 셈이다. 그러니 대학 입장에서 가능한 한 더 많은 대학원생을 받아야 한다고 교수들을 압박할 수밖에 없는 게 아닐까? 교수 입장에서도 대학원생이 많을수록 더 많은 성과를 내기 편할 테니, 더 많이 들이는 게 나쁘지 않은 선택일 테고 말이다.

가르칠 사람에게 막중한 업무가 부담되면서 동시에 배울 사람은 늘어난 이런 상황에서, 대학원생들이 양질의 교육을 받을 수 있을 거라 기대하기는 쉽지 않다. 교육부나 과학기술정보통신부 등에서 연구비가 아닌 다른 형태로, 교육에 좀 더 방점을 두는 형태의 사업으로 대학을 지원하지 않는 이상, 현재 대학원 구조가 바뀌기를 기대하기는 요원한 일일 것이다. 그렇지만 조만간 어쩌면, 전혀 바라지 않던 형태로 대학원 구조가 뒤바뀌게 될지도 모르겠다. 대학과 대학원생이 사라지고 있으니 말이다.

태어나는 사람 숫자는 급격히 줄어들고 있다. 본격적으로 이민을 받지 않는 이상 한국에서 일할 젊은 사람들은 점차 줄어들게 뻔하다. 지금도 대학생이 없어 문 닫아야 할 곳이 한둘이 아닌데, 지금보다도 급격하게 인구가 줄어들 아주 가까운 미래에는 운영 가능한 대학이 얼마나 남을까? 그렇게 대학을 졸업한 사람들은 대체 몇이나 되고, 그중에 대학원에 올 사람은 얼마나 될까? 월급은 절반밖에 안 되는 대학원과 힘들다 한들 인건비는 챙겨줄 회사 중에 어딜 택할까? 대학원은 대학보다 더 빠르게 문을 닫게 될 거다.

강제로 대학원 구조가 바뀌게 되기 전에, 그러니 바꿔야 한다. 이건 지금 당장 취직 못 하는 나 같은 사람들 때문에 하는 말이기도 하다. 당장 내년에 인건비 끊기고 길바닥에 나앉을지 모르는 판에, 내가 뭔 대학원의 앞날이 어쩌니 걱정을 하겠나.

요즘 세상에야 어디든 마찬가지겠지만, 학계에서 취직하기란 정말 너무너무 고통스럽고 엄청난 운이 뒤따라야 하는 일이다. 자랑하는 것 같아 민망하지만, 최우수논문상을 받고 대학원을 졸업한 나조차도 앞날이 깜깜하다. 어디나 엄청난 실적과 경력을 요구하고, 그나마 그런 자리조차 나질 않아 숨이 턱턱 막힌다. 연구자로 계속 살아가는 게 가능하긴 한 걸까? 대학에 들어올 사람이 점점 줄어들면, 대학에서 제공하는 일자리는 더더욱 줄어들 텐데?

한국 학계는 분명 이전보다 훨씬 좋아졌다. 10여 년 전만 해도 박사과정은 무조건 외국에서 마쳐야 교수가 될 수 있었는데, 지금은 국내 대학원에서 박사를 마친 분들도 드물지 않게 교수로 부임한다. 대학원에서 나오는 논문의 양과 질도 모두 성장해서 박사과정 동안 좋은 논문을 내는 분들도 정말 많아졌다. 당장 생물학연구정보센터 브릭BRIC에서 제공하는 자료만 봐도, 의생명과학 분야에서 정말 좋은 학술지에 실리는 한국인 논문의 수가 20년 새 15배 가까이 증가했을 정도다. 연구자로서 성장할 수 있도록 대학원에서 제공하는 훈련 과정은 훨씬 더 탄탄해졌을 것이다.

그런데 대학원을 마친 뒤 계속해서 연구자로 성장할 수 있는 길이 얼마나 될까? 많지 않다. 박사를 마친 뒤에 교수 등 연구직 자리에 취직하려면 그에 걸맞은 실적이 필요한데, 한국에서 그만한 실적을 낼 수 있는 기관이 드물기 때문이다. 박사를 마치면 거의 대부분 실적을 쌓기 위해 외국에 나가야 하고, 의생명과학 분야에서는 대개 이주노동자로 5년에서 10년 정도 낮은 임금을 받으며 연구에 매진해야 한다. 그래도 그만한 실적을 쌓을 수 있을지 확실하지 않다는 것도 문제인데, 실적을 쌓게 된다 한들 그즈음에 일자리가 나지 않는다면 결국 취직 못하는 건 똑같다는 것도 문제다. 박사과정도 힘겹지만, 박사를 마치고 난 뒤에 연구자로 살아갈 수 있는 길도 만만찮게 흐릿한 것이다.

다행히도 나는 아직까지는 정말 운이 좋았다. 박사를 마친 뒤 국내에서 2년 정도 추가로 일할 수 있는 인건비를 받게 되었기 때문이다. 더욱 감사하게도 이 인건비는 내가 독립 연구자로서 일할 수 있도록 권장했는데, 덕분에 연구실에서 하던 일을 마무리하는 것은 물론이거니와 다른 분들과도 다양한 형태로 공동연구할 수 있는 길이 활짝 열렸다. 석박사통합과정 때부터 같이 일했던 간신님을 비롯해서 함께 일하는 분들이 점점 늘었고, 일을 나눠서 할 수 있게 된 덕에 혼자 할 때와는 비교도 안 될 만큼 빠른 속도로 다양한 연구 결과를 쌓을 수 있었다. 연구자로서 어느 때보다 빠르게 성장할 수 있는 좋은 기회를 갖게 된 것이다.

한국에서 박사 후에도 연구자로서 성장할 수 있는 이런 길이 더 다양해질 수는 없는 걸까? 적어도 일부 대학의 대학원에는 너무나 많은 대학원생이 있고, 교수 외에도 연구를 전문으로 보조할 인력이 추가로 필요하다. 대학원생이 연구자로서 좀 더 훈련받을 수 있도록 교육할 사람을 성장시키고, 교육할 사람도 연구자로서 남을 수 있는 기회를 좀 더 많이 확보할 수 있도록 다양한 길이 생겼으면 좋겠다.

의생명과학 분야처럼 수요에 비해 박사 공급이 너무 많은 분야라면 연구비 등으로 대학에 간접적으로 지원하는 대신 이런 형태로 대학원생 교육에 직접 투자해, 연구비가 줄어든 만큼 대학원생 수가 줄어드는 효과도 노려볼 수 있을지 모른다. 이런 중간 다리가 있다면, 대학원생이 줄어들더라도 연구 인력을 지속적으로 확보할 수 있다는 장점도 있을 것이다. 물론 투입해야 할 인건비는 단가만 따지면 더 많아지겠지만, 수는 적어지지 않을까. 나처럼 한국에서 연구자로 오래오래 살아가고 싶은 사람들에겐 참 꿈 같은 미래다.

연구는 애초에 안 될 일을 되게 하는 것이다. 풀 수 있는 문제라면 누군가가 이미 다 풀어버렸다. 그러니 어느 시대이건 간에, 현 시점에서 가장 중요한 문제는 '이전에는 결코 풀 수 없었던 문제'일 수밖에 없다. 어쩌면 한동안은 계속 '풀 수 없는 문제'로 남아 있을 수도 있다.

그렇지만 비록 지금은 해결할 수 없는 문제라 할지라도 언젠가는 답을 찾을 수 있게끔 연구자를 키우고, 또 연구 도구와 기법을 발전시켜가며, 인류는 지금까지 줄곧 눈앞에 닥친 문제들을 해결해왔다. 인간을 괴롭히는 질병을 연구해서 더 나은 치료법을 찾는 일, 작물들을 연구해서 지속 가능한 생산성을 확보하는 일, 다양한 생물들이 기나긴 세월 속에서 쌓아온 생존 도구들을 연구해 인간의 도구로 만드는 일…. 이런 모든 연구들이 쌓이고 쌓여 인류는 이전에는 결코 풀 수 없었던 문제를 해결할 수 있게 될 것이고, 이를 통해 인간은 한 발짝 자유로워질지도 모른다.

물론 이런 거대한 질문을 고작해야 길바닥에 널린 선충을 이용해 답하려고 하는 시도나, 도서관의 교양과학 서가에나 있을 법한 진화라는 관점에서 답하려고 하는 시도는, 얼핏 보기엔 세금이나 낭비하는 쓸모없는 일처럼 보일지도 모르겠다. 그렇지만 때로는 터무니없는 접근을 통해서 터무니없는 복잡한 난관들을 해결할 수 있다. 예쁜꼬마선충이라는 하찮은 벌레를 통해 발생과 노화라는 복잡하기 그지없는 문제를 해결할 수 있었던 것처럼. 세상에 존재할 거라고 생각지도 못했던 고도화된 유전체 편집 기법을 바이러스와 싸워 이긴 유산균 속에서 찾아냈던 것처럼.

얼핏 봐서는 전혀 중요할 것 같지 않은 보잘것없는 것들 덕분에 우리는 여기까지 올 수 있었다. 지금까지 그랬던 것처럼, 쓸모없는 것들이 결국 우리를 구할지도 모른다.

에필로그

과학자로 살아남기

게임을 하고 있다. 게임 주제에 하루 열두 시간은 해야 목표를 겨우 달성할 수 있을까 말까 할 정도로 할 일이 많다. 난이도는 또 어찌나 높은지, 악착같이 재료를 모아도 변변찮은 장비 하나 얻어내기 쉽지 않은 괴상한 게임이다. 심지어 그런 와중에 경쟁은 또 매우 치열해서 장비를 어지간히 갖춰서는 승급전에 발도 내밀지 못할 수준이다.

피, 땀, 눈물 흘려가며 간신히 온갖 장비를 다 챙기고 나면, 이제는 '연구직 직장 획득'이라는 승급전이 언제 열릴지 알 수 없다는 문제가 기다리고 있다. 이때까지 무겁게 쌓아올린 장비들을 어깨에 이고, 입구도 출구도 보이지 않는 길을 따라 하염없이 걷는다. 운이 아주 안 좋으면 이렇게 걷고 또 걷다가 장비는 낡아가고 체력은 모두 소모되어 그대로 게임이 종료되는 수도 있다.

이 게임의 이름은 '과학자로 살아남기'. 나는 생명과학 서버에서, 이제 막 대학원생 퀘스트를 끝마치고 박사가 됐다.

"대학원 탈출은, 그중에서도 생명과 탈출은 지능순이라던데…."

물론 지능 문제는 아닐 것이다. 그래도 앞날을 계산할 줄 아는 현명한 친구들은 애초에 대학원에 입학할 생각도 하지 않고 빠르게 생물학에서 탈출했다. 미련이 남은 건지 미련한 건지 모르겠지만, 정말 소수의 학생들만이 생명과 대학원에 남아 연구를 계속하고 있다.

몇몇은 박사를 마치고 해외로 나갔다. 떠나는 친구들을 붙잡고 말했다.

"우리 실적 뻔하잖아. 그 실적으로 외국 간다고 해봐야 갈 수 있는 연구실 수준도 뻔한데, 그래도 나간다고? 나중에 밥벌이도 못할 텐데? 무슨 영광을 누리겠다고 과학에 이렇게 목을 매는 거야. 일자리라도 좀 알아보는 게 낫지 않겠어?"

그러자 친구는 한숨을 푹 내쉬며 답했다.

"지원서도 써봤지. 그런데 내가 배운 거라곤 회사에서 쓰지 않는 실험들이라 그런가 다 떨어졌어. 그래도 외국은 나갈 수 있겠더라. 5년 뒤, 10년 뒤에 어떻게 될진 몰라도 당장 살려면 별 수 있겠어? 일단 나가야지."

친구도 나도 너무 미안해서 부여잡고 울었다.

이 바닥에 미래가 보이지 않는 이유는 노력이 부족해서도 아니고 운이 없어서도 아닌 것 같다. 내가 본 대다수의 동료들은 모두 정말 몸 사리지 않고 열심히 공부하며 연구했고, 덕분에 이 바닥에서 10퍼센트 안쪽에 들어갈 만큼 손꼽히는 실력도 쌓았다. 그런 최상위권 연구자들조차 최소한의 밥벌이가 힘들다면 이건 일개 연구자가 감당할 수 있는 영역을 훌쩍 뛰어넘은 것이다.

상당수가 그러는 걸 보면 이건 사람 문제가 아니라 연구비 체계나 학술 정책 문제일 테고, 이런 정책들이 성공했다는 점이 더 큰 문제일 것이다. 대학원생을 헐값에 굴리며 연구할 수 있었던 덕분에 한국 과학은 양적으로도 질적으로도 빠르게 성장했고, 역설적이게도 그 성공이 지금처럼 더 이상 성장할 수 없는 막다른 길로 이어지게 된 것처럼 보인다. 교수가 된 사람들은 평생 실험하고 연구하는 사람으로 훈련받았으면서, 왜 자리 잡은 뒤에는 직접 연구하지 못하는 걸까? 대학원생을 굴려서 어떻게든 실적을 만들어야 하기 때문이다. 대학은 왜 교수에게 그런 압박을 가할까? 연구 성과로 대학 평판을 높이고, 연구비를 대학원생 머릿수만큼 등록금으로 바꿔 재정을 충당해야 하기 때문이다.

아직은 대학원에 들어올 젊은 사람들이 남아 있으니 정부는 적은 예산으로 세계적 연구 성과를 달성하고, 대학은 대학원생을 늘려 실적과 예산을 확보하는 체계가 유효할 것이다. 그러나 젊은 세대의 인구수가 줄고 있는 지금 상황에서, 그리 멀지 않은 미래에는 이 게임판에 새로 들어올 사람 자체가 줄어들게 될 것이다. 그때에도 과연 지금처럼 '과학자로 살아남기' 게임을 운영할 수 있을까? 현재 상황만을 생각해보면, 미래가 그다지 희망적으로 보이지 않는다는 사실이 서글프다.

그럼에도 불구하고 나는 어떻게든 과학을 하면서 살아가고 있다.

"아니, 그렇게 힘든데 왜 계속하는 거예요? 얼른 때려치우고 다른 일 하면서 사람답게 좀 살아요."

가끔 이렇게 묻는 사람들이 있다. 그때마다 이렇게 답했다.

"과학 하면서 사람답게 살 수 있는 길이 있으면 저도 그쪽으로 빠르게 탈출했을 텐데, 그런 게 없으니 고생이라도 해야 하는 거 아니겠습니까. 과학이, 생물학이 이렇게나 재미있는데 어떻게 때려치울 수 있겠어요."

결국 문제는, 내가 과학을 너무나도 사랑한다는 거다.

과학은 우리가 사는 세상을 더 잘 이해하기 위해 세상에 질문하는 법을 배우고, 그 질문에서 얻은 답을 가지고 다시 새로운 질문을 찾아가는 끊임없는 과정이다. 특히 생물학은 사람과 사람을 둘러싼 다양한 생물이라는 자연 현상을 탐구한다. 산과 들에서 느껴봤을 그 웅장한 자연은 물론이거니와 식탁에 놓여 있는 다양한 식재료까지도 새롭게 바라볼 수 있게 해줌으로써, 생물학은 우리가 자연과 맺는 관계를 바꿔내고 있다. 일단 한번 경험해보면 누구든 그 즐거움을 느끼게 될 거라고 확신한다.

이번 주말에는 가까운 산이나 공원에 가서 발밑에 가득 쌓인 나뭇잎을 한번 들춰보자. 그곳에는 작은 우주가 있다. 축축한 나뭇잎은 세균과 곰팡이가 자라는 먹이가 되고, 세균과 곰팡이 같은 미생물은 다시 선충처럼 좀 더 큰 동물의 먹이가 된다.

언젠가 과학과는 거리가 먼 삶을 살고 있는 일반 시민들과 함께 서울시립과학관 뒷산으로 선충 채집을 간 적이 있다. 썩은 나뭇잎을 주워다가 그 속에서 꿈틀거리며 기어 다니는 선충들을 현미경을 통해 보여주니 어른이고 어린이고 할 것 없이 모두 환호성을 내질렀다.

"진짜 선충이 살아 있네요?"

맨눈으로는 잘 보이지 않는 그 작은 세상 속에서, 선충은 여느 때처럼 우아하게 춤을 추며 살아가고 있다.

엄마와 함께 선충 채집을 왔던 한 소년은, 무심코 낙엽 더미를 밟으려다 말고 멈춰서 물었다.

"엄마, 여기 밟으면 선충들이 아파할까?"

그 이야기를 들으니 마음이 노곤노곤 녹아버렸다.

이처럼 일단 한번 과학에 눈을 뜨면 그 뒤로는 세상이 다르게 보인다. 어느새 어른이 되어버린 탓에 이제 나는 나뭇잎을 밟으며 선충이 아플까 걱정하지는 않지만, 밥을 먹을 때면 '야생 쌀들을 비교하면 염색체 진화를 볼 수 있을까?' 하는 생각이 든다. 장을 보다가 자줏빛으로 물든 달달한 무화과를 볼 때면, 제주도에서 선충 채집하다 먹은 맛없는 야생 무화과가 떠오르며 '얘네는 비슷해 보이는데 어쩜 이렇게 다르담? 유전체 크기도 작던데, 사비 털어서 분석해봐?' 하는 생각도 든다. 진짜 궁금하긴 했는데, 최소 몇백만 원은 깨질 연구라 통장 잔고를 확인하자마자 호기심이 싹 사라지긴 했다. 언젠가는 이런 연구를 정말 취미처럼 해볼 수 있는 날이 오기만을 기다리고 있다.

그러니 지금의 환경이 비록 녹록치 않더라도, 언제까지고 고된 하루하루가 반복된다 하더라도 별수 있나. 점점 더 좋은 환경에서, 지금처럼 최고의 동료들과 함께 연구할 수 있는 그날까지 묵묵히 실험하고 토론하고 연구하는 수밖에.

감사의 말

대학원생 한 명을 박사로 키우는 데에는 연구실 하나가 필요합니다. 연구실에 자리도 없던 상황에서도 다짜고짜 찾아왔던 학부생을 받아주시고 박사로 키워주신 이준호 선생님께 가장 먼저 감사드리고 싶습니다. 앞으로 저도 훌륭한 학자가 되어서, 선생님께서 제게 베풀어주신 은혜보다 훨씬 더 많은 것들을 후배 연구자들에게 베풀 수 있도록 노력하겠습니다. 그러자면 일단은… 취직부터 해야겠지만요.

서울대학교 유전과 발생 연구실의 모든 분들께도 감사드립니다. 실험이든 논문이든 늘 자신의 일처럼 아낌없이 도와주고 조언해주신 덕분에 빠르게 성장할 수 있었습니다. 연구실에서 선생님 다음으로 많은 가르침을 주신 김천아 박사에게 특히 감사드립니다. 제가 하고 있는 일이 가치 있다고 알아봐주고 응원해준 덕분에 이렇게 연구를 계속할 수 있었습니다. 앞으로도 더 많은 재미있는 연구 함께합시다. 저랑 같이 많은 고생을 하고 있는 지선 씨에게도 감사드립니다. 끊임없이 공부하는 모습, 계속해서 성장하는 모습에 항상 감동받고 있습니다.

지금까지 매 순간 가르침을 주신 모든 선생님들과 동료 대학원생들, 친구들에게도 감사를 전합니다. 특히 전국 곳곳의 연구실에서 지금도 고생하고 있는, 친애하는 친구들에게도 고마움을 전합니다.

또한 좋은 책을 제안해주신 김수현 편집장님, 제가 쓴 자투리 글들을 모아 책으로 엮어주신 김동화 편집자님을 비롯한 웅진지식하우스 담당자분들께도 감사드립니다.

그리고 마지막으로, 저를 어엿한 사람으로 키우기 위해 누구보다 고생하신 어머니 김영재 님께 진심으로 감사드립니다. 낳

아주시고 평생 고생하면서 키워주신 것만 해도 갚을 길이 없는데, 없는 형편에 보태기는커녕 돈벌이도 안 되는 과학만 좇고 있어도 늘 한결같이 응원해주셔서 정말 큰 힘이 됩니다. 옆에서 같이 고생하고 있는 동생 김민에게도 감사를 전합니다.

모두 건강합시다!

쓸모없는 것들이 우리를 구할 거야
작고 찬란한 현미경 속 나의 우주

초판 1쇄 발행 2021년 6월 30일
초판 4쇄 발행 2022년 12월 5일

지은이 김준

발행인 이재진 단행본사업본부장 신동해
책임편집 김동화 디자인 석윤이
마케팅 최혜진 이은미 홍보 최새롬
제작 정석훈

브랜드 웅진지식하우스 주소 경기도 파주시 회동길 20
문의전화 031-956-7355(편집) 02-3670-1123(마케팅)
홈페이지 www.wjbooks.co.kr
페이스북 www.facebook.com/wjbook
포스트 post.naver.com/wj_booking

발행처 ㈜웅진씽크빅
출판신고 1980년 3월 29일 제406-2007-000046호

ISBN 978-89-01-25113-4 03470

- 웅진지식하우스는 ㈜웅진씽크빅 단행본사업본부의 브랜드입니다.
- 책값은 뒤표지에 있습니다.
- 잘못된 책은 구입하신 곳에서 바꾸어드립니다.